きらいになれない

害虫図鑑

有吉立
アース製薬(株)
研究部 生物研究課

幻冬舎

【はじめに】

ゴキブリ100万匹、
蚊とハエで10万匹、
ダニ1億匹

などなど——

兵庫県赤穂市にあるアース製薬の研究所では
約100種の**害虫を中心とした生物を飼っています。**

私が勤務しているのは、その飼育室。
毎日、害虫たちの世話をして、繁殖させるのが仕事です。
「ゴキブリなんて文字を見るだけでもイヤ」
そんな人がいるかもしれませんね。
姿を想像するだけで、
背中がゾワゾワするかもしれません。
私もそうでした。
ゴキブリに限らず、私は虫が苦手でした。
「そんな人が**なんで、害虫を飼う仕事**をしているの？」
という質問はごもっとも。
この本の中でお答えしていきましょう。

実は今も好きなわけではありません。
でも飼育するために、**観察して生態を知るうちに**
恐怖心とか偏見はなくなりました。

ゴキブリは人間を襲ってこないし、
ハエも蚊も病原菌を持たなければ、恐れなくても大丈夫。
約100種の生物たち、**飼ってわかった意外な素顔**を、
この本では紹介したいと思います。

都市化が進んで、昆虫自体、以前よりも見かけることが少なくなりました。

だからでしょうか、私が昔そうだったように、

「虫はみんな嫌い、みんな怖い」

という人は増えているようです。

嫌いな虫をやみくもに根絶させようとすると、
益虫を殺してしまってもっと大きな不都合が起こる可能性もあります。
またその一方で、本当に怖い害虫に気づかない、
などということにもなっています。

約100種いる害虫たちは、さまざまな虫ケア用品の
開発や実験のために飼われています。
私たちの生活環境をよくするための犠牲になっています。
そのことにも思いを馳せつつこの本を書きました。

みなさんが、害虫たちに興味を持って
「正しく嫌う、正しく怖がる」
きっかけにもなったらいいなぁと思います。

Contents

目次

はじめに 002

〔1〕ゴキブリ① 010

〔2〕ゴキブリ② 016

〔3〕カメムシ 022

〔4〕クモ 028

〔5〕アリ 034

〔6〕ハチ 040

〔7〕蚊 050

〔8〕ムカデ 056

〔9〕屋内にいるダニ 062

〔10〕マダニ 068

〔11〕トコジラミ 074

〔12〕ハエ 084

〔13〕コバエ 090

〔14〕ナメクジ 096

〔15〕貯穀害虫① 102

〔16〕貯穀害虫② 108

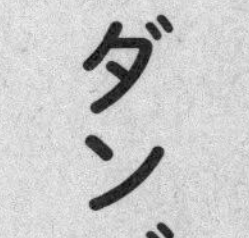
〔17〕ダンゴムシ 118

〔18〕ノミ 124

〔19〕衣類害虫 130

〔20〕シロアリ 136

〔21〕園芸害虫 142

Contents

【コラム】

1 害虫とつきあって20年 046
2 「いきものがかり」は休めない 048
3 入社当時のこと 080
4 ウチの子たち、ときどきドラマに出ています 082
5 害虫飼育に向いている人って？ 114
6 虫を育てるよりも難しい仕事 116
おわりに 148

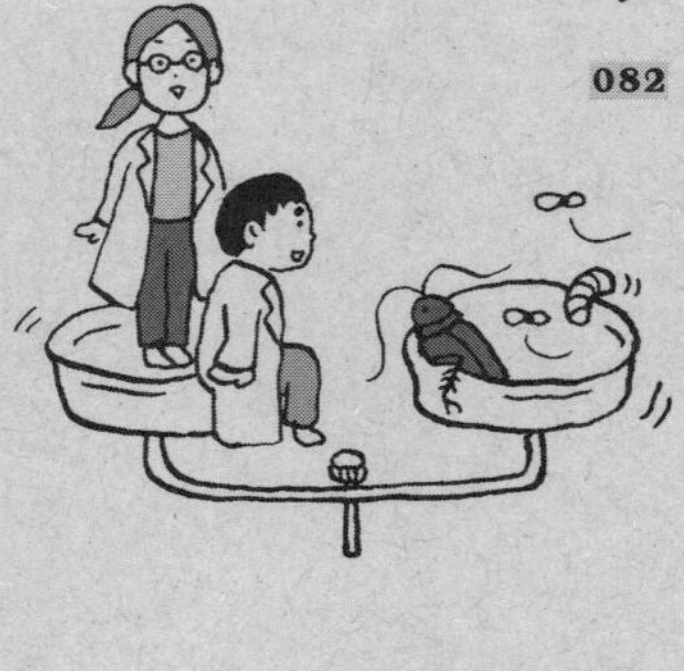

きらいになれない害虫図鑑

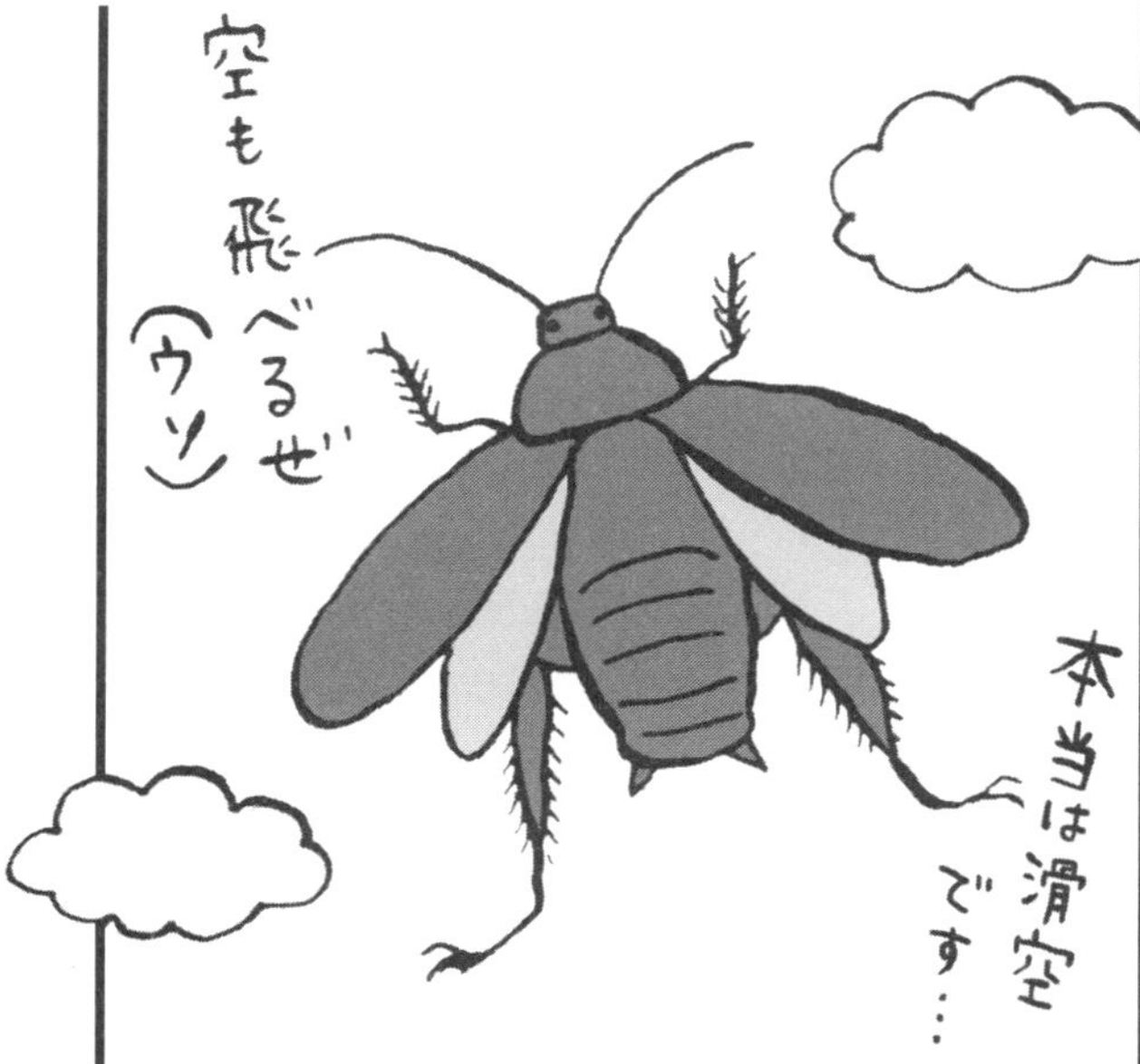

〔1〕ゴキブリ①

約3億年前に現れたといわれる最古の有翅《ゆうし》昆虫で、世界には4600種、日本には58種がいるとされています。多くは熱帯の森林などに住んでいますが、屋内に進出してきた種は嫌われ者No.1。見た目が不快なだけではなく、病原菌を運んだりアレルギーの原因になったりする不衛生な害虫。例外もありますが、湿気の多いところに集団で住み、繁殖力は非常に旺盛、人間のいるところにはゴキブリもいると言って過言ではありません。

【飼育数】チャバネゴキブリ、クロゴキブリ、ワモンゴキブリなど23種　総数100万匹以上

【代表的な種】クロゴキブリ *Periplaneta fuliginosa*　**【体長】**25〜40mm

【時期】一年中　**【分布】**全国　**【飼育の難易度】**★（簡単）

家庭で普通に見られる黒褐色のゴキブリ。一つの卵鞘《らんしょう》に22〜28個の卵が入っている。4mmほどの幼虫は8〜12か月で成虫に。成虫になってからの寿命は6〜7か月。寒さには弱く、低温下ではじっと動かずに過ごす傾向。

ゴキブリは襲ってこない!?

入社して2年目、ゴキブリの担当になりました。最初の仕事は通称「放し飼い」の掃除。60万匹のワモンゴキブリを放し飼いにしている部屋の掃除です。

見学用に作った6畳ほどのスペースには、紙製の管を何百本も積み上げた〝ゴキブリマンション〟があって中はゴキブリがびっしり。壁も床も天井も、ゴキブリが歩き回っています。なんとも形容できない不快な臭いの中、ほうきとちりとりで糞を集め、水とエサを交換、窓ガラスを拭く——。

これを毎週1回やってました。「仕事なんだ!」と覚悟を決めて……。

ゴキブリが平気だったわけではありません(今も、好きではないですよ)。この会社に入るまでは、見ただけで悲鳴を上げていましたから。

ただ、部屋に入っていくとカサカサーッと音がして、一斉に逃げ出すのを見て「そうか、ゴキブリたちも人間が怖いんだ」と気がついて、少しだけ強くなれました。

いきなりダッシュするゴキブリも怖くて最初は身がすくみましたが、ゴキブリの性質は攻撃的ではないので襲ってきたりはしません。人間に向かってくるように見えるとしたら、逃げ場を失ってパニックになっているのでしょう。

今、ゴキブリは全部で23種類、総計約100万匹います。これがみんな「放し飼い」にいるのではなくて、多くは大型のプラスチックケースに、蛇腹状に折った厚紙を何段も重ねたシェルター（隠れ家）を入れて飼っています。エサはマウス・ラット用の固形飼料（魚、大豆などを配合したペットフードのようなもの）です。

必要なときに必要なだけゴキブリを供給

私の仕事は、同じ研究所の開発・実験担当者から入る注文に応えて、害虫を準備することです。

たとえば「殺虫成分の効果を確認したい。来週中に幼齢期のクロゴキブリが300匹欲しい」「薬剤抵抗性のチャバネゴキブリ、すべてメスの成虫で200匹」などといった依頼書が回ってきます。成長段階ごとに管理して、注文にしっかり応じられるかどうかが、生物研究課の腕の見せどころ。「今、いません」とは言えません。

日常的に使うのはクロゴキブリ、チャバネゴキブリ、ワモンゴキブリです。たとえば、クロゴキブリの場合、卵鞘（卵が入った鞘）をケースに入れておいて、孵《かえ》ったらケースを移してやる。飼育室の棚にはゴキブリが４００〜１０００匹入ったケースが、約３００個。そうやって注文のゴキブリが必要なときに、必要なだけ確保できるようにしてあります。

実は、私が入った当時は、こんなにシステマティックではありませんでした。前任者のKさんは私より3年先輩ですが、もっとずっと大変だったようです。

「金属製のエサ皿は、お湯につけて洗っていた。毎日毎日、なんぼ洗ったか。シェルターは木だったから全部洗ってた。一日がかりになることもあったし、ニオイがもうかなわん。ほんと、よくやってたなと思いますもん」

今だったらブラック企業かも？　当時、飼育室でいちばん若かったKさん、「イヤだったから、スピード化と効率化を工夫した」のだそうです。エサ皿や給水容器はプラカップ、シェルターは厚紙にして使い捨てにするなど、ゴキブリ飼育の近代化を進めたのでした。私が入社したのは、そんなころ。私も給水用のガラスビンを必死に洗ってました。Kさんと一緒に、システマティックな飼育供給体制へと進めてきたと密かに自負しています。

「ゴキブリのような生命力」は本当か⁉

飼育室は1年を通じて気温25度、湿度40～60%をキープして、繁殖しやすい環境にしてあります（最近は、省エネのため「夏はエアコンの設定温度を28度に」といわれますが、害虫たちのおかげで私たちのいる場所も涼しいですよ）。

チャバネもクロもワモンもすぐ増えるので、もっと劣悪な環境でも大丈夫でしょう。ところが同じゴキブリでも、キョウトゴキブリはちょっと湿度が低かったりすると孵化しなくなる。「なにか、ダメ？」と問いかけたくなります。昭和30年代に京都で発見された日本在来種のゴキブリで、倉庫に入ってきたりする害虫です。でも飼っていると、ちょっと神経質な感じです。

ワモンゴキブリに似た、小さめのコワモンゴキブリも増えるのに時間がかかります。繁殖のスピードはぜんぜん違う。

生命力が強いことを「ゴキブリみたい」などと言いますが、種類によっては思ったようには繁殖してくれません。簡単そうで、やってみると奥が深いのがゴキブリ飼育です。

もっと知りたい！ゴキブリのこと

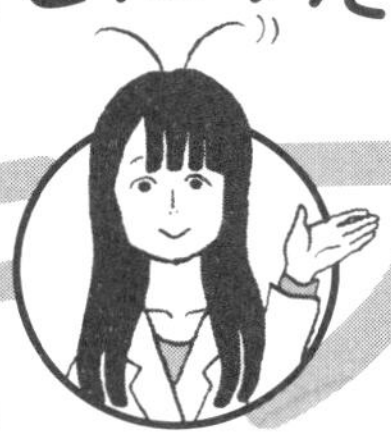

◉ペットとして飼っているゴキブリもいます。

マダガスカルオオゴキブリは、体長6〜8cmで翅《はね》のないちょっとユーモラスな姿。触るとお腹側面の気門から「プシュー、プシュー」と空気を出して威嚇するんです。十数年前に、当時の研究部長が横浜のペットショップで買ってきたもの。当時は**1匹7000〜8000円**したそうです。固形飼料と果物や野菜を与えて、繁殖させています。

◉**グリーンバナナゴキブリ**は、中南米に生息するゴキブリで、伊丹市昆虫館からいただいた成虫10匹から増やしたもの。幼虫は茶色ですが、成虫になるときれいな緑色に変わります。飼育は少し難しく、最初はぜんぜん卵を産まず幼虫も育たなくて苦労しました。一時期は**「あかん、このまま全滅するんじゃないか」**と自信を失いかけました。

◉白黒模様で丸いブローチのような形の**ドミノローチ**は、卵が孵化するまで半年以上かかります。メスだけダンゴムシのように丸くなる**ヒメマルゴキブリ**、オスとメスで別種のような**トルキスタンゴキブリ**なども飼っていますが、けっこう試行錯誤を重ねています。**みんな簡単には増えてくれません。**

〔2〕

ゴキブリ②

暖かくて暗く、狭い場所を好むので電子レンジや冷蔵庫の下にいることもあります。大変な雑食性で、食べ残しや生ゴミ、壁紙や本の表紙、仲間の糞まであらゆるものを食べます。電線までかじることもあるくらいです。

そんなゴキブリを近づけないためには、清潔できれいな環境を保ってゴキブリのすみかを減らすこと。食品や汚れた食器を放置しない、食べこぼしはすぐに掃除する、エサと潜伏場所を減らすことが効果的です。

【代表的な種】チャバネゴキブリ *Blattella germanica*　**【体長】**11〜15mm

【時期】一年中　**【分布】**全国　**【飼育の難易度】**★（簡単）

飲食店、ビル、地下街などでよく見る黄褐色で小型のゴキブリ。幼虫は2〜3か月で成虫になり、成虫の寿命は4〜5か月。一生の間に3〜7回卵鞘（30〜40個の卵が入った鞘）として産卵。メスは卵が孵化するまで、卵鞘をお腹の端につけて持ち歩く。

〝エリート〟の遺伝子を持つチャバネを探せ！

最近、問題になっているのが「薬剤抵抗性」のゴキブリです。これは普通なら致命的なくらいの薬剤を浴びても、それに耐えて生き残るゴキブリのこと。とくに大都市で増える傾向にあります。

薬剤抵抗性を持つのは、ほぼチャバネゴキブリです。これはチャバネゴキブリの世代交代が早くて、繁殖力が強いことが関係しています。家庭に出没するクロゴキブリなら、孵化した幼虫が成虫になるまで8～12か月かかるところが、チャバネだと2～3か月。

ということは、薬剤に対する抵抗性のあるものが次の世代を産み、そこから生き延びたものがまた次の世代を産んで……と抵抗性の高い〝家系〟が選抜されていきます。

しかも**チャバネが多く生息しているのは飲食店。定期的に燻煙剤を使うなど、ゴキブリには過酷な環境です。そこを生き延びてきた〝エリート〟たち、と言えるでしょう。**

実はこの薬剤抵抗性には遺伝子が関係していて、抵抗性の遺伝子を持たないチャバネもいます。そんなチャバネに抵抗性を持たせようとしてもムリなんです。「お酒を飲める人、飲めない人は遺伝子で決まっている」と聞いたことはありませんか？　遺伝子にある種の酵素活性がない人は、訓練してもアルコールが飲めるようにならないので、無理強いしてはダメですよね。

それと同じで、薬剤抵抗性のあるなしは、生まれながらに決まっているんです。

飲食店出身！　薬剤抵抗性のチャバネ

今、飼育室では、薬剤抵抗性のチャバネゴキブリを2系統飼っています。一つは、化学メーカーからいただいたもの。もう一つは飲食店から採集してきたもの。どちらも累代（産卵させて代を重ねること）で飼っています。

どこのお店から来たのかはトップシークレットで、私も知りません。お店にお願いしてごきぶりホイホイを仕掛け、成虫を10～20匹程度集めて産卵させます。繁殖させてから試験して、強い抵抗性を示した〃エリート〃の家系を飼育しているのです。

採集してくるお店はときどき代わっています。開拓、というと変ですが、新しいお店を探したり交渉したりするのがうまい人が研究所にいて、飛び込みで見つけてくるんです。学術教育課という課に営業出身のFさんという方がいて、その方が行くとフレンドリーに交渉成立。さすがです。

そうやってお店で採集してきたチャバネゴキブリは、しばらく別の部屋で飼育します。

というのも以前、累代飼育（産卵させて代を重ねて飼育すること）している部屋に新しく来たチャバネを置いたために、病気が持ち込まれたことがあったからです。容器はもちろん別々です。ところがなんと、その部屋のチャバネゴキブリが、お腹がぷっくり膨らんで大量に死んでしまいました！

後から文献を調べていたら、チャバネの病気を解説した写真にそっくり。「ああ、これだったのか」と判明したのでした。そんな失敗も経験しながら、採集したゴキブリをどう扱うかといったノウハウを学んでいます。

文献には出てなかったことですが、病気に感染したチャバネは、普段とは違った変なニオイでした。健康な状態のゴキブリは、種類によってそれぞれ違うニオイがしますが、まったく別のニオイなので、たぶん今でも「あれだ！」とすぐにわかります。

もし「ニオイ当てクイズ」で出題されたら、病気のチャバネなんて誰も答えられないウルトラ高難度の問題でしょうが、私、すぐ当てる自信があります。

健康なゴキブリでも**クロとチャバネとワモンは嗅ぎ分けられるので、居酒屋さんなど飲食店で「あ、クロゴキブリだ」とか「チャバネがいる」とわかる。安心というか、知らないほうが幸せというか微妙ですが。**

さて、チャバネに限らず飼育室のケースの中にいるゴキブリは、基本的にじっとしています。みなさん、猛スピードでダッシュするイメージがあるかもしれませんが、ケースの中では逃げようとして走り回ったりする必要もありませんから。

実は、部屋の中に出てくるゴキブリは、だいたいオスか幼虫です。メスはほぼ動かないで、水場の周りとか、卵を産むために物陰に引っ込んでいます。

「放し飼い」でも、見学者が覗くガラス面に出てきているのは、ほぼオスか幼虫。たまにメスも出てきますけど、比較すると非常に少ないんです。

行動的で活発なのはオスか子ども。生きものに共通する法則ですね。

とくにチャバネ、クロ、ワモンの〝3大スター〟は「食っちゃ寝」のライフスタイルで個体はしっかり育って、どんどん繁殖していきます。

もっと知りたい！ゴキブリのこと

●**チャバネ、クロ、ワモンの"3大スター"**は外来種で、鎖国が解かれてから船の荷物と一緒に入ってきたといわれてきましたが、熊本大学の研究で4300年前の縄文時代のゴキブリの卵の痕跡が見つかったという最新情報があり、「クロは土着かも」という疑惑が生まれています。江戸時代までの日本では、害虫として家の中に入ってくるゴキブリはヤマトゴキブリだけだったとされます。

●ゴキブリの天敵は、ゴキブリコバチという寄生バチ。産卵管をゴキブリの卵鞘に刺して、中に自分の卵を産み、孵化したコバチの幼虫はゴキブリの卵を食い荒らして育ちます。飼育室のゴキブリのケースにまで侵入することがあり、ケースの中がコバチだらけで空っぽの卵鞘だけが残っていることも。私たち飼育員にとっても**天敵**です。

●「ゴキブリ」の語源として有力なのが、お椀に残ったものを食べようとしている様子から**「御器（食器）をかぶる（かじる）」**で**「ごきかぶり」**になり、明治時代に辞典に載せるとき間違えて「ゴキブリ」になったという説。「ゴキカブリ」のほうが、耳ざわりがよかったような気がしませんか？

〔3〕カメムシ

強い悪臭で嫌われるカメムシ。多くは植物の茎や実に注射針のような口（口針）を刺して汁を吸う〝草食系〟です。悪臭で嫌われる不快害虫であるとともに、米、果樹、野菜などを食害する農業害虫というどうにも気の毒なポジション。
昆虫や動物を刺す〝肉食系〟カメムシもいて、害虫の天敵になっている種類もいますが、弊社では飼育していません。

【飼育数】クサギカメムシ、ツヤアオカメムシなど5種　総数約3000匹

【代表的な種】クサギカメムシ *Halyomorpha halys*　【体長】16mm前後

【時期】4〜11月　【分布】全国　【飼育の難易度】★★（普通）

暗褐色で、細かなまだら模様があり、強い悪臭を放つ分泌液を出す。もっとも普通に見られるカメムシの一つで、成虫で越冬するため、秋に集団で家屋内に侵入してくることがある。サッシのわずかな隙間に潜んでいることも。

地元赤穂産のカメムシ

「有吉さん、カメムシいるか？」

「有吉さん、今日はこれだけ採れたで」

入社まもないころ、毎朝、守衛所の前を通るたび、守衛さんが声をかけてくれました。カメムシ、ご存じの通りうっかり触るととても臭い、アレです。成虫は夜、光に誘引されて守衛所に集まってくるので捕まえてもらっていたんです。

20年近く前のことなので、何で守衛さんがカメムシをくれていたのか覚えていないのですが、**たぶん私が「採っといてもらえると嬉しいんやけど？」とチラッとお願いしたんだと思います。**当時、累代飼育がうまくいかなくて、カメムシの担当者が困っていたから……。

今、カメムシは5種類飼っています。飼育している害虫たちは、研究機関から系統のはっきりしたものをもらってくることも多いのですが、カメムシはほぼこのあたりで採れたもの。ここは兵庫県赤穂市、瀬戸内海ののどかな湾に面したアース製薬坂越工場（ここで「ごきぶりホイホイ」を作ってます）の中に、研究所の建物があります。

海あり山あり、自然が豊かな田舎ですから、必要とあらば捕虫網を持って採りに行くという手もありますが、それは最終手段。

カメムシの成虫がよくいるのは夏から秋ですが、研究用には一年中必要です。注文に応じられるよう、いつも各種数百匹はいるように飼育しています。

手探りの飼い方、増やし方

守衛さんに採ってもらったのはクサギカメムシ。暗褐色の体をした、おそらく日本でもっともポピュラーな種類です。白い洗濯物にとまっていたり、越冬のためサッシの隙間から家の中に入ってきたりする困り者です。

彼らは、よく集団でいたりするので、いかにもたくさん増えそうな印象があるのですが、飼育して繁殖させようとすると大変でした。

当時のカメムシ担当者――いろいろな害虫の飼い方を教えてくれた先輩です――が、なんとか繁殖させようと、卵から孵化した幼虫を別のケースに移し、すごく大事にして清潔さキープで飼っていたのですが、なかなかうまく成長しません。

なんでやろ？　おかしいなぁ、と苦労していた先輩、ある学会でカメムシを飼っている研究者から**「卵の殻を取り除いてはダメですよ」**と教えてもらったそうです。何か必須の共生細菌がいるのか、孵化した幼虫は自分の出てきた卵の殻の表面にある物質を体内に取り込んでいる、とのこと。

そうだったのか！　と、殻を残しておくようにしたところ、幼虫はすくすく育って産卵まで漕ぎつけました。害虫の飼育法の専門書があるのですが、なぜかカメムシについては載っていなかったんです。

カメムシは自分の臭いで死んじゃう

カメムシが嫌われるのは、なんといってもあの臭いでしょう。

この臭い、タイ料理によく使われるパクチーに似ているともいわれます。パクチーの臭いがダメで食べられない人は、この臭いを不快・危険と感じる遺伝子を持っていて、カメムシの臭いにも同じように反応するのだそうです。パクチー好きな私は、カメムシの臭いもけっこう大丈夫。

でもこの臭い、カメムシ自身も耐えられないらしく、密閉容器に入れておくと、自分たちの臭いで死んでしまいます。研究員に頼まれて直径10センチほどの密閉容器に4～5匹入れて渡したところ、1時間もせずに死んでしまったんです。

普通、この容器に昆虫を入れて酸欠になることはありません。その後、臭い成分の中に毒性のあるアルデヒドが含まれているとわかって、自分の臭いで死んでしまったことが判明しました。テレビでも話題になって知られるようになりましたが、まさかそのくらい強烈だとは思ってもみなかったのでビックリでしたね。

カメムシは、自然から採ってきた直後は、ちょっとピンセットで触れただけで強烈な臭いがします。**でも代を重ねていくうち、だんだん臭いが弱くなってくる。それが私の実感です。**臭うことは臭うのだけれども、野性のときとはぜんぜん違う。

飼われているから天敵に襲われる危険もないし、もう強い臭いを発しなくてもよくなっているのかもしれません。でも、それじゃちょっと物足りない！　いつの間にか、そう思うようになっている私です。

もっと知りたい！ カメムシのこと

◉野生の**クサギカメムシ**は、クワ・ミカン・インゲンほか多種多様な植物の汁を吸っているようですが、ウチではヒマワリや大豆、落花生の種子を与えています。料理用の煎ったものではなくて、蒔くと芽の出る種子です。とてもジューシーとは思えませんが、硬い種子に口針を刺して吸っています。

◉カメムシの幼虫は、成虫を小さくしたような形でよく似ています。でもエサは成虫と異なる場合もあり、ウチで飼っている**ツヤアオカメムシ**の場合、成虫はミカンなどの果実の汁ですが、幼虫はヒバの枝から樹液を吸っています（これがわかるまで幼虫が成長しなくて大変でした。ヒバは研究所を囲むように植えてあったのに……）。

◉カメムシは白いものを好む習性があるので、シーツやシャツなどの洗濯物にとまっていることも。うっかり一緒に取り込んでしまうと悲惨なことになるので、近くでカメムシを見かけたら、**取り込む前にチェック**しましょう！　ときには糞で汚すこともあるので要注意（ちょっとだけ宣伝。シーツにも使えるカメムシ用のエアゾールや、網戸にスプレーしておく忌避剤があります）。

〔4〕

クモ

彼、可愛くて

「クモは不気味で嫌い」という人は多いのですが、姿形で損している彼らは、昆虫とは別の「クモ目」の生きもの。

そのほとんどは害虫を食べてくれる益虫です。壁や天井を歩き回る大きなアシダカグモは、ゴキブリが好物なのでそっとしておきましょう。

近年は外来種の毒グモ、セアカゴケグモやクロゴケグモが全国各地で発見されているので要注意です。研究用にセアカゴケグモを飼育しています。

【飼育数】セアカゴケグモ　約700〜900匹

【飼育中の種】セアカゴケグモ *Latrodectus hasseltii*　**【体長】**7〜10mm（メス）

【時期】一年中　**【分布】**全国

【飼育の難易度】★★★（特定外来生物）

オーストラリア原産の毒グモ。赤い帯状の模様がある。1995年、大阪府高石市で初めて発見され、現在では全国的に広がっている。ベンチの下、側溝のふたや裏側など、適当な隙間がある場所に生息。咬まれると激しい痛みと腫れを起こす。

交尾が終わると食べられてしまうオス

セアカゴケグモの名前の由来って、ご存じですか？

「背中の赤い後家さんのクモ」、自ら後家さんになっているんですけども……。

繁殖させるために、メスを飼っているサンプル管（筒状の小さなガラスビン）に、オスを入れてやるのですが、交尾が終わるとオスはさっさと食べられてしまいます。それまではメスは食べないでいる、というよりも食べられそうになっているオスが、自分の遺伝子を残そうと必死に頑張って交尾しているようです。

メスがオスを食べるのは、産卵に備えて少しでも栄養にするため？　か、どうかはわかりません。殺すだけで、食べてないときもありますから。命を投げ出して、ただ子孫を残すだけのオス。ちょっと切ないですね。

そもそもセアカ（って呼んでます）のオスとメスって、大きさも色も形もぜんぜん違います。メスは体長7～10ミリ、黒くて丸っこい体で背中が赤い。オスは5～6ミリでほっそりした黒い体に白い線、大きさの違い以上にひ弱に見えます。

巨体の女子プロレスラーに押さえ込まれた小柄男子のような雰囲気だし、しかも毒があるのはメスだけ。襲われたらもう覚悟を決めるしかありません。

飼うのは簡単、でも手間がかかる害虫の代表

さて、後家さんになったメスをそのまま飼っていると卵を産んで「卵嚢《らんのう》」という卵の袋を作ります。60〜200個ほど卵が入っていて、新しいサンプル管に卵嚢だけ入れておくと、袋の中で孵化・成長して、わらわらと子グモが出てきます。これを1匹ずつピンセットでつまんでそれぞれ別のサンプル管に入れていくのが、新しい世代を育てる最初の作業。そうしないと共食いするからです。

大きさは2ミリくらい。ちなみにこの段階ではオス、メスの区別はつきません。「クモの子を散らすように」って言い方がありますが、大勢が四方八方に逃げようとするし、糸を出しているので、ピンセットでつまむと隣の子も一緒についてきたり……。逃がすと大変ですから、集中力あるのみ。もう根気勝負。はっきり言って面倒くさい（笑）。

子グモは、1回につき70〜80本のサンプル管に分けます。この作業、慣

れないころは1時間くらいかかりました。今は慣れてきて30～40分くらいで分けられます。

でも、その後は毎週1回、エサを与えるだけで大きくなって、このまま成虫になるまで飼えるので簡単と言えば簡単。繁殖のためオスを入れるのもこの容器ですから。でも、手間はすごくかかります。生きたエサしか食べないので、毎週1回、1本ずつふたを開けて、子グモにはタバコシバンムシ（103ページ参照）の幼虫を、成虫にはニクバエの幼虫を与えています。

セアカゴケグモは、特定外来生物として法律で飼育や移動が規制されています。毎月、環境省へ「今、何匹飼っています」と届け出なくてはいけません。先月報告した数は730匹でした。つまり、だいたい700～1000本のサンプル管に1匹ずつセアカがいるということです。

飼育室では基本的に1種類の害虫を1人で担当しているので、セアカにエサをやる日は、これだけで半日が潰れます。慣れてきても4～5時間くらいかかるので。

黙々とひたすら手を動かしていますがやっぱり面倒くさい。飼うのは簡単だけれども、めちゃくちゃ手間がかかる害虫の代表ですね。

毒グモなのにハエが捕まえられない

成虫になるまで、オスは1～1か月半、メスは2～3か月かかります。文献ではメスはもう少し早いことになっていますが、うちでは3か月くらいかかっている印象です。〝同期〟で生まれたオスはいち早く成長して、先に寿命がきてしまうので、〝1期上〟のメスたちの相手をしてもらっています。

セアカゴケグモは形のはっきりしないへたくそな網を作り、獲物を捕らえているクモです。だからなのか、**飛ぶ虫を捕まえるのは苦手みたいです。**

エサとして与えたニクバエの幼虫を食べずにいるうち、サナギになり成虫になってしまうことがあります。でも、狭いサンプル管の中で同居している成虫のハエを食べているセアカはほとんどいません。それどころか**成虫になったハエと狭い空間にいることがストレスになるためか、死んでしまうセアカがときどきいます。**

ブンブンとうるさいハエを、自慢の（？）毒で仕留めることもできないなんて。防御専用ってことで襲われなければ使わないのかなぁ。

どこか不器用な毒グモなんです。

もっと知りたい！クモのこと

●クモというと、糸を出して巣を作ってエサが引っかかるのを待っているイメージがありますよね。公園や雑木林などで木の枝に**ジョロウグモ**の大きな巣を見かけたこともあるでしょう。こうした大きな巣を作るタイプのクモは非常に飼いにくい。広い空間でエサを放さないといけないので、**飼育室ではムリ**なんです。

●一方、巣を作らずに歩き回ってエサを捕まえるタイプもいます。足まで入れると10cm以上にもなる**アシダカグモ**を、「有吉さん、これあげる」と言って研究所のみんながくれるので、ケージに入れて飼ったことがあります。生かしておくことはできますが、繁殖まではできませんでしたね。

●**セアカゴケグモ**は公園のベンチやコンクリートでできた側溝のふたなど人工的なものが好きらしく、ベンチに座って何の気なしに座面の裏に手をかけたときとか、側溝のふたを持ち上げようとしたときなど、カプッと咬まれているようです。家の中には入ってこないようですが、大阪南部では「自宅のベランダで見た」という話を聞くことがあります。生息地域の屋外では、無造作に素手で側溝のふたなどをつかまないほうがよさそうです。

〔5〕

アリ

一つの巣に女王アリが1匹いるのが基本ですが、複数の女王がいる種類もあります。春〜夏、オスとメスの翅のはえたアリが成長して結婚飛行に出かけ、新たな場所に巣を作ります。同じ巣のアリ同士、仲間と化学物質（フェロモン）で情報交換をし、エサの場所や危険を知らせている社会性昆虫です。巣の外に出ているアリはほんの一部で、大部分（およそ97％）は巣の中で活動しています。

【飼育数】クロヤマアリ、アミメアリ、イエヒメアリなど4〜5種　総数約5000匹

【代表的な種】クロヤマアリ *Formica japonica*　【体長】5mm前後（働きアリ）

【時期】春〜秋　【分布】北海道、本州、四国、九州

【飼育の難易度】★★（女王を捕まえるのが難しい。働きアリだけなら★）

市街地でも普通に見られる黒いアリで、乾燥した地面にあけた巣穴にエサを運び込む習性がある。虫の死骸など動物性のエサを好んで食べるほか、花の蜜やアブラムシの出す蜜もなめる。

みんなやってくれる働きアリ

「これ、クロヤマアリの女王やで」

アリ好きの研究員が、捕まえて持ってきてくれました。

クロヤマアリは、6月ごろにオスとメスの翅のあるアリが結婚飛行して交尾、オスは死ぬのですがメスは翅を落として女王アリになります。それを捕まえてくれたのです。アリは女王を中心に、集団で生活する社会性昆虫です。女王は卵を産み続け、そのほとんどは働きアリになって、巣作りやエサ集め、幼虫の世話など役割を分担しています。

でも結婚飛行の後、最初に産んだ10匹ぐらいの子どもは、女王が自ら育てます。自分1匹だけですから仕方がないですね。その幼虫たちが働きアリとして成虫になると、あとはみんながやってくれるので、産卵マシンに変身するのです。

飼育している中で1種類、アミメアリは女王がいなくても働きアリだけで繁殖します（どんな種類でも働きアリはみんなメスです）。一旦、数百匹を採ってきたら、それだけで増えるので、私たちにとってはすごく楽なアリです。

進化というのか民主的というのか、**私は勝手に「人間により近づいたアリや」と思っています。**普通は女王しか産めないのに、アミメアリはみんなが産める。庶民でも女性は子どもを産める人間に、ちょっと近い気がしませんか？

ハンディ掃除機でぴゅーっと吸い取る

クロヤマアリほか、今飼っているアリは4～5種類。働きアリだけ採集してきて、ストックしている場合もあるので、種類はときどき増減します。女王アリがいると、どんどん増やすことができるのですが、捕まえるのは難しいんです。

「地面を掘ったら捕まえられるんじゃないの？」と、思いますよね。

ところがアリの巣は深さ1～2メートルもあります。地表でアリの出入りしている穴を見つけても、コンクリートの隙間だったりするとお手上げです。壊して地面を掘ったりできません。

アミメアリ以外のアリは女王がいないと増やすことはできませんが、働きアリだけでも水とエサを与えておくと数か月以上生きています。女王がいて繁殖させているアリも、それだけでは足りなくなることもあるので、ときどき採集に出動してストックしているんです。**一つの飼育容器には同じ巣のアリだけ入れます。違う巣のアリを一緒にすると、一方を滅ぼすまでケンカしてしまうので。**だから、アリの入っているケースがどんどん増えていって管理が大変なんです。

アリの飼育容器は、平たいプラスチックのケースです。深い容器に土を入れて飼わなくても平気です。繁殖もします。エサはチャバネゴキブリなど小昆虫の死骸や昆虫用ゼリー、ハチミツ、ゆで卵など。あと水も欠かせません。

飼っているのは家の近くにいるアリばかりです。というのも、室内に入ってきたり、庭にいて困ったりするようなアリを駆除する商品の開発や試験のためですから、どこにでもいるような一般的なアリが必要なのです。だから採集してこよう、となるのですが。

アリのいそうな場所にゴキブリの死骸を置いておくと、アリがせっせと運んでいきます。それを私が追いかけていって巣を見つけるとか、日ごろから怪しい動きをしているためか、**研究所や工場の人たちが「あそこの入り口の所、アリめっちゃおるで」などと教えてくれたりします。**

石垣やコンクリートの上なら、ハンディ掃除機を持って走っていってびゅーっと吸い取っています。試験に供給するためケースの中から捕まえるときなどは筆に上らせる方法をよく使いますが、行列しているときはハンディ掃除機に限ります。

夏の時期に採っておかないと、冬に必要になったとき使えないので、時間のあるときにアリを探しに行って、ちょこちょこと採集しています。冬に備えて、夏の間に働く私たちもアリのよう。

いつも頭の隅に「少しずつでも採っておかなきゃ」とあるからでしょうか。日ごろからつい地面が気になります。友だちとドライブに行って、サービスエリアの屋外でコーヒーを飲んでいたとき、ふと地面に目を落とすとアリがいました。種類はなんだろう？　巣はどこだろう？　など、しゃがみ込んで見入ってしまいました。

アリだと思ったら、アリに擬態したクモ、アリグモでした。

「何しとん？」と、友だちに声をかけられて我に返りました。虫嫌いだった私なのに、いつの間にか興味が湧くようになっていたんですね。じっとアリを見ている女になったかぁ。道ばたでつい写真を撮っていることもあるし、自分がいちばんびっくりしています。

もっと知りたい！ アリのこと

●アリの害としては、屋内に侵入して砂糖やお菓子などに集まることや、大量に発生して不快感を与えることですが、まれに咬みつく種類もいます。近年、被害報告が多いのは外来種の**イエヒメアリ**です。土がないところでも巣を作るため、家の中のちょっとした隙間や壁紙の裏などに巣を作るケースがあり、大繁殖すると**駆除が大変**です。

●生態系を破壊する外来種も問題です。**アルゼンチンアリ**は1993年に広島県で初めて生息が確認された南米原産のアリ。茶褐色で体長2〜3mmと小型ですが、とてもすばやく動き回ります。一つの巣にたくさんの女王アリがいて繁殖力がとても強く、**大軍団を形成**。攻撃性が非常に強いので在来種を駆逐してしまいます。

●2017年夏、東京・神戸・名古屋・大阪などの港湾で相次いで見つかった**ヒアリ**は、赤茶色で体長2.5〜6mmと大きさにバラつきのあるアリ。南米原産で、すでにアメリカや中国には定着しています。刺されると火傷のような激しい痛みがあり、アレルギー反応で死にいたる場合もある危険なアリです。まだ日本では定着の報告はないようですが、草地などに土の**ドーム状の蟻塚**があったら危険なので近づかず、**市町村役場などに連絡**しましょう。

〔6〕ハチ

アリと近縁の社会性昆虫で、女王バチを中心にコロニー（集団）を作って暮らしています。スズメバチ、アシナガバチ、ミツバチが代表的な種類です。針は産卵管が変化したものなので刺すのはメスだけ。

とくにスズメバチは攻撃性が強く、動きもスピーディ。巣に近づくだけで危険です。刺されたことで毎年死者も出ているので要注意です。

【飼育数】セグロアシナガバチ、キアシナガバチなど　最大で約30匹

【代表的な種】セグロアシナガバチ *Polistes jokahamae*　**【体長】**21〜26mm

【時期】4〜11月　**【分布】**本州、四国、九州

【飼育の難易度】★★(刺されないように注意！)

黒の地に黄褐色の斑紋がある。スズメバチに似ているが細身で足が長い。市街地でもよく見られ、木の枝や軒下、戸袋などに蓮の実を逆さにしたような巣を作る。攻撃性は強くないので、急に近づいたり触ったりして脅かさなければ、刺される可能性は低い。

みんなその年限りの寿命

ハチの仲間で飼っているのはアシナガバチだけです。飼育ケージの狭い空間でも飼えることが大きいですね。ミツバチは養蜂家の人たちのように放し飼いにしないといけないので難しい。スズメバチは危険すぎて飼えません。

ハチは、前年の夏から秋に生まれて交尾をすませた新女王蜂だけが越冬します。つまり、前年の女王バチ、働きバチからオスバチまで、みんなその年限りの寿命です。そのため累代飼育ではなく、毎年、春に採集してきた女王バチが自分の王国を作るのを手伝うスタイルです。

赤穂市あたりだと、4~5月ごろに女王バチが1匹だけで巣を作り始めるので、それを採ってきます。女王バチ1匹だけのときはほとんど反撃してこないので。

研究所の近くを探せば、いくつか必ず見つかります。研究員が採ってくることが多いですけど、私も捕まえたことがあります。アシナガバチにもいろいろ種類があって、キアシナガバチは自然が豊かなところが好き、セグロアシナガバチは市街地でも平気といわれています。この近くにはどちらもいるので、飼育している種はそのときどきで。まだ働きバチのいない小さな巣を採ってきたら、女王バチと一緒にアシナガバチ専用のケージに入れます。ケージ内の上の方に、いかにも女王バチが「自分でここに巣を作りました」的に接着剤で貼っておく。さらに巣の材料となる紙を入れておきます。かみ砕くと唾液の成分で和紙のような丈夫な素材になるんです。

自然界なら樹皮などを材料にしているようですが、ボール紙などでまったく問題なし。試しにピンクの紙を置いておくとピンク色の巣ができます。とてもポップですよ。

ひたすら頑張るシングルマザー

ケージは旅行用の小型トランククらいの大きさです。金属製で底面以外はアクリル製の窓になっていますが、開けられるのは正面だけ。それも二重扉になっている特注品です。**女王バチは、紙を素材に自分でせっせと巣を増築して、一部屋に一つずつ卵を産んでいきます。**孵化すると幼虫のためにエサを運んできて、巣の増築工事をして、もちろん産卵もする。この時期の女王は、ひたすら頑張るシングルマザーです。

エサとしてハスモンヨトウ（145ページ参照）というガの幼虫を与えています。女王バチは、これをかみ砕いて肉団子にして幼虫に食べさせます。自然界でもいわゆるアオムシやイモムシが幼虫の食糧。人間を刺さない限りは益虫なんですが、人間と昆虫が縁遠くなってきた今の時代、距離感が難しいですね。

成虫のエサはハチミツです。1か月半くらいで、働きバチが羽化してきて、しばらくは女王も働きバチと一緒に、増築工事や育児をします。もちろん産卵は女王だけの役目ですが。**働きバチはみんなメスですから、大きくなった娘と一緒に家事を切り盛りする感じです。**

ある程度、働きバチが増えると女王は産卵に専念します。この段階からは、巣はどんどん大きくなります。自然界では7月ごろから。あまり攻撃的ではないアシナガバチですが、このころからは神経質になるので、刺激して興奮させないように気をつけています。

アシナガバチよりもずっと危険なのがスズメバチです。

世界で見れば「人間をいちばん殺している昆虫」は蚊ですが、日本に限ればハチ。**毎年、30人くらいがスズメバチに刺されて亡くなっているのです。**

「ハチは一度刺すと死ぬ」と言いますが、それは針がちぎれてしまうミツバチの話。スズメバチは何度でも刺すことができるし、興奮すると集団で襲ってきます。

毒性も強く、1か所刺されてもひどく腫れあがります。たくさんのスズメバチに刺されると重症化することが多いので注意が必要です。また、一度刺されたことで抗体ができて、次に刺されたときに激しいアレルギー反応（アナフィラキシーショック）が起こる場合があり、これは命に関わってくるのでハチは危険な生物なんです。

製品開発のための試験はアシナガバチだけでなく、スズメバチでも行っています。スズメバチは飼っていないので、駆除をする現場でハチ専門の研究部隊が担当します。専門業者のような完全防備。まさしく「出動！」という雰囲気です。

そういえば、と思い出したことがあります。中学生のころ、親がたたんでくれた洗濯物の中にアシナガバチがいて、着ようとしたら刺されたんだった。それも2匹入っていて、2か所刺されて病院に行った記憶があります。

アナフィラキシーショックは個人差がかなり大きいらしく、毎年のように刺されても平気という人もいれば、数十年ぶりに刺されてショック症状が起きたという例もあるようです。ずいぶん昔のことで忘れていた。やっぱり気をつけよう。

もっと知りたい！ハチのこと

◉**キイロスズメバチ**の天敵は**オオスズメバチ**。8月下旬〜10月ごろは、攻撃されるピークなので、巣自体が警戒を強めている時期です。うっかり接近すると、数匹の働きバチがやってきます。そのハチを払いのけたりすると警戒フェロモンが発散され、興奮したハチが集団で襲ってくることがあるので非常に危険です。スズメバチは急な動きや大きな音に反応して攻撃してくるので、静かに身を低くしてゆっくり後ずさりして**距離をとりましょう**。

◉**ミツバチ**は、一度刺すと針がちぎれて死んでしまい、その際に発散される興奮物質で仲間のハチが大群で攻撃してくることがあります。万一、ハチに刺されてしまったときは、毒を絞り出しながら流水で洗い、患部を冷やします。**スズメバチ**の場合は、**速やかに病院で治療**を受けましょう。ミツバチやアシナガバチでも、体にじんましんなどの異変があれば病院へ。

◉ハチは黒いものを攻撃する傾向があるため、ハチに刺されないようにするには、白い服や帽子を身につけましょう。巣には近づかないようにしましょう。スズメバチは、近づいただけで攻撃してくることもあります。スズメバチの大きな球形の巣は、防護服などなしに駆除にチャレンジするのは非常に危険です。**専門業者に頼み**ましょう。

【コラム1】害虫とつきあって20年

「まさかあなたが虫を飼育する仕事に就くとは思わなかった」

私を昔から知っている友人たちから、何度も言われました。

そう、私は虫が大の苦手でした。大人になってからも、ゴキブリが出ると大慌てで親を呼んでいたくらい。それなのに、害虫の仕事に就いてしまったのです。「就いてしまった」はマズいですね。希望して入ったのですから。

「何で入ったの?」とよく聞かれますが、「地元の優良企業だったから」という理由でした。実は私、東京の美術系専門学校に進学しました。望みは叶わず、仕事を転々として地元・赤穂に帰っていたころ、新聞で「研究に使う虫の飼育」という求人広告を見つけたんです。

「虫かぁ……」と思ったのですが、地元の大企業でしかも正社員。

赤穂に絵を描くような仕事はないし、いつまでも夢を追い続けることはできません。正直、条件に惹かれたんです。応募したのは40人。ただ1人、採用されたのが私でした。

いきなりハエの担当になって、夢でうなされたり、食事がノドを通らなかったりしましたが、「せっかく入社したんだし、ここを辞めたらもう行くところがないぞ」という気持ちだったんです。

向いていたのかどうかはわかりませんが、いちばん長く続いている仕事です(笑)。ただ私も含め飼育員たちは、そんなに虫が好きじゃない人が多いようです。

「終齢の幼虫を」とか「羽化後5〜6日の成虫」などと指定される場合もあり、温度や湿度などに気を配りながら、計画的に産卵させ、育てて、必要な数を安定して供給するのが仕事です。あまり愛着が強いとやりにくいかもしれません。

害虫たちのこと、好きになるのはムリだと思うのですが、いつしか不思議な造形美があるな、と思うようになりました。バリバリの理系の研究者のように、遺伝子の仕組みとか、昆虫たちがプログラムにしたがって機械的に反応する様子といった方向ではなく、姿形に目が向いています。きれいなものが好きなんです。

ミナミアオカメムシの幼虫の色はすごくきれいです。緑っぽいんですが、親の掛け合わせによっては、オレンジ色から赤に近い、ピンクのような色になったり、違う模様のパターンが出るんです。ハエの眼が網みたいになっている様子、何でこんなフォルムなんやろと思います。きれいな色や形に惹かれています。

虫ケア用品（殺虫剤や忌避剤など）のパンフレットなどに写真が必要だし、会社から私が撮るように言われて、ニコンの写真教室に何度か行きました。ライティングとかマイクロレンズの使い方とかを教わって撮影するようになりました。見学コースに飾ったり、ポストカードにして見学者に配ったりもしています。

害虫たちは、人間に危害を加えるために生きているのではありません。みんな生態系の中で一定の役割があるのですが、人間の生活圏に侵入してくると病原体を運んだり、衣食住のさまざまな場面で食害するなど問題が起こるのです。

虫ケア用品の開発は、私たちの環境衛生をよくしていく目的があります。温暖化の影響もあって、最近は日本でも蚊が媒介するデング熱やジカ熱がニュースになっています。途上国ではますます生活衛生の向上に力が注がれています。そのために試験をする必要があり、毎月、万単位の害虫を使っているのが現実です。

毎年12月、研究所の近くにある妙道寺というお寺で、虫供養の法要を行っています。犠牲になった害虫たちに感謝の気持ちを忘れないように、ということで30年くらい前から続いているそうです。

読経の中、試験で害虫を扱う研究者や私たち飼育員が参列、焼香して、ゴキブリやマダニなどの遺影——私が撮った写真ですけど——に向かって頭を下げています。

静寂な雰囲気の中で、1年が終わる気持ちになりますね。

【コラム2】

「いきものがかり」は休めない

今、生物研究課では6人が働いています。1人は業務委託のかたちで来てもらっているおじいちゃんで、スズムシやニジイロクワガタなど試験に使わない見学用の昆虫をお願いしているので、約100種の害虫などの生きものは5人で担当していることになります。

1種類の害虫、たとえばゴキブリならチャバネゴキブリは、1人がずっと担当しています。これは「ちょっとした変化に気づけるようにするための仕組み」です。毎日、同じ人間がルーチン（決まった手順）で世話をしていると、「ちょっと産卵が少ないな」などと小さな変化にも気づきますから。

数えなくてもカップとかケージの中を見て「なんとなく密度が低いな」という感じ。感覚的に変化がわかるのが大事なんです。

試験で使うために一定数を確保しておかないといけないので、産卵数が減ってきたら翌週は2倍の卵を仕込んでおくとか、早めに気づけば臨機応変な対応もできますからね。

あくまでも試験で使うことが目的なので、数だけ確保できればいいというわけではありません。求められているのは次の3点です。

①均一の体重の害虫を供給する（体重によって薬の効き方が違うので、体重がばらつくとデータも変わってしまうため）

②試験には基本的にメスを使用（メスのほうが体重が重く、オスより薬剤に強いから）

③成虫になってからの日数はある程度決めて使用する（あまり老化したものは使わない）

10年前も10年先も、同じ薬剤を使ったら同じ結果（数値）が得られるようにしないといけません。

ときどきは担当を替えて、メンバーはひととおりの害虫飼育を経験しています。全員が手順を把握しているので、誰かが1日ぐらい抜けても大丈夫。「今日はサナギを採る日だからお願いね」で済みます。

私は今までに一度だけ、夏休みで9連休を取りました。というのもそのときは、私がゴキブリの担当だったため。ゴキブリはエサと水をやっておけばとくに問題はありません。

一方で、蚊やハエは「この日に絶対卵を採らなあかん」「○○せなあかん」と、生育のスケジュールに縛られるので長い休みは取りにくい。

とくに蚊の担当が大変です。53ページでも書いていますが、毎週月曜日に卵を採ったら、次の週にはサナギになっています。

サナギはふたのないバットに入っているため、そのまま置いておくとすぐ羽化して部屋中蚊だらけ、なんてことになってしまうので、いち早くメッシュで覆われた成虫用のケージに移す作業が必要になるわけです。ぼんやりとはしていられません。

一時期はバットが120個くらいあったので、すごい量でした。バット一つずつ、茶こしを使ってサナギをすくっていくんです。終わったら全部を洗って、またバットを並べて水を入れ、卵を入れる。朝8時から始めて一段落するのが午後2時ごろ。

いやぁ、月曜日の朝は本当に気が重かった。今だから言えますが。

今はアカイエカ、ヒトスジシマカなどの種ごとに担当者がいるので、昔のように時間を取られることもなくなりました(休んでも「お願いね」で済むようになったわけです)。

とは言っても、やはり生きものが相手です。

「私、夏休みは長めに取って海外に行くから、生産量を少しずつ増やして在庫をキープしておこう」というわけにはいきません。多めに作って冷蔵庫に保管しておくこともできないので、害虫ごとの成長のサイクルにしたがってスケジュールを立てています。

私たちの仕事は、商品開発のための試験で必要な害虫を、必要なだけ揃えておくことですから、蚊でもハエでも季節に関係なく一年中います。

その後私、蚊からは解放されたのですが、コロモジラミを担当してるので、やっぱり3連休が取れません。土日だけ休んで、祝日は出勤するスケジュール。土日を休もうとすると、月曜日と金曜日はもう「絶対にしなくてはいけないこと」が山積みです。

というわけで、お正月は何度か研究所の屋上から初日の出を見ました。穏やかな瀬戸内海の向こう側から昇ってくる朝日、きれいですよ。

〔7〕

蚊

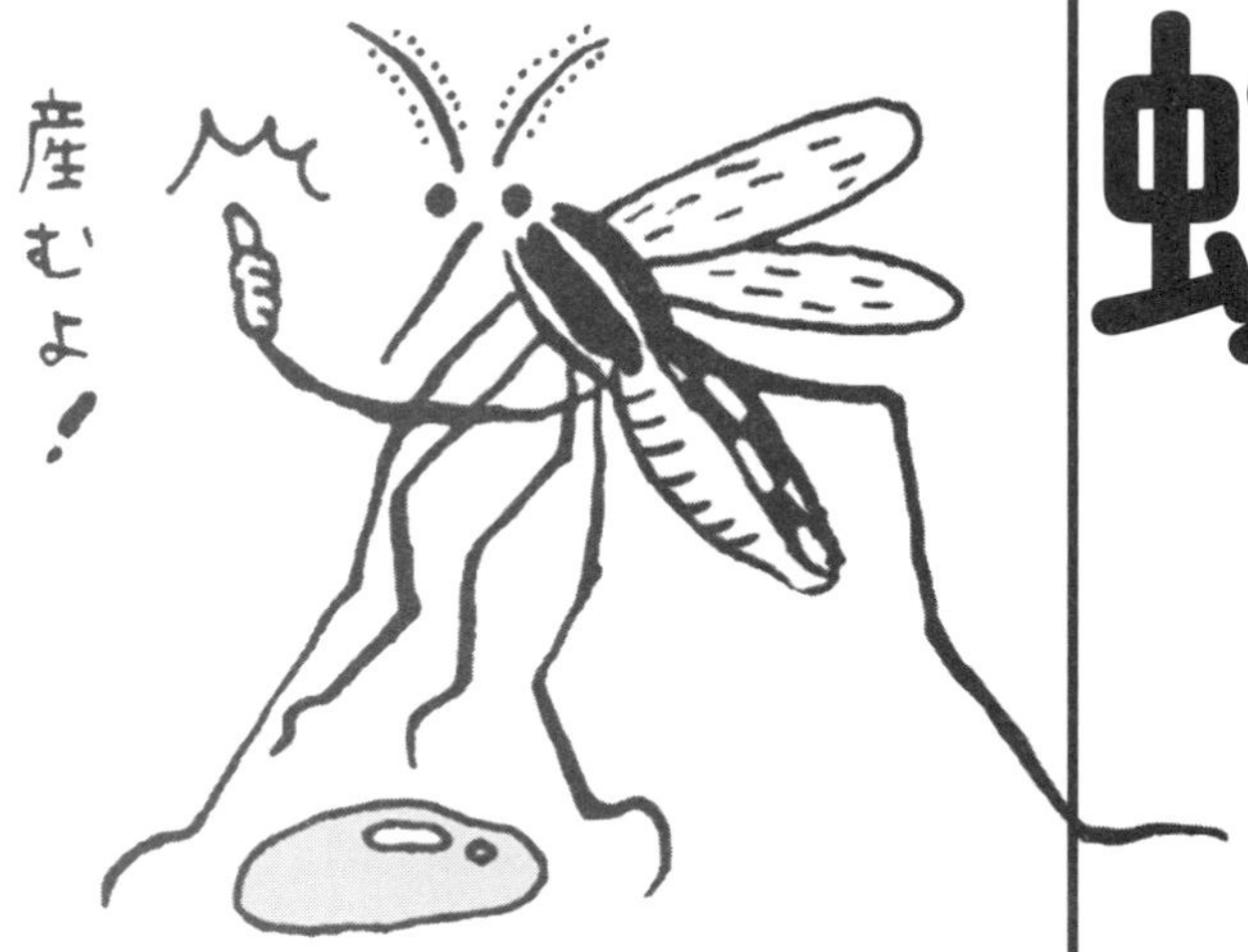

刺されたときのかゆさも不快ですが、実は地球上でもっとも人間を死にいたらしめている生物が蚊。マラリア、デング熱などの感染症を媒介する危険な害虫です。地球温暖化の影響で日本も亜熱帯化してきているので、今まで以上の注意が必要です。

人が出す炭酸ガスや皮膚のニオイ・温度を感知してやってきますが、吸血するのは産卵をするメスだけで、オスは吸血しません。

【飼育数】アカイエカ、ヒトスジシマカ、ネッタイイエカなど5種　総数約5万匹

【代表的な種】ヒトスジシマカ *Aedes albopictus*　**【体長】**約4.5mm

【時期】5〜11月　**【分布】**本州、四国、九州　**【飼育の難易度】**★★（湿度に敏感）

「ヤブ蚊」の代表種で黒い体に白の縞模様がある。墓地、公園、竹藪などに生息。2014年、東京を中心に多数のデング熱感染者が出たが、東京都内の公園のヒトスジシマカが感染源だった。温暖化とともに分布域は少しずつ北上しており、近年は東北北部まで到達している。

花の蜜を吸って生きています

"野良"の蚊は、何か病原体を持っているかもしれないから。

日本で人を刺す蚊としてポピュラーなのが、アカイエカとヒトスジシマカ。ということで、弊社で試験の主流として使っているのがこの2種です。どこにでもいる蚊ですが、どちらも素性のしっかりした、由緒正しい系統の蚊を飼っています。というのも

アカイエカは寄生虫のフィラリアを持っている可能性があります。イヌの病気のように思われていますが、西郷隆盛がかかっていた象皮病もフィラリアが原因ですから甘く見てはいけません。

またヒトスジシマカは、デング熱の原因になるウイルスを媒介します。研究所の裏あたりで採ってきた蚊だって、そんなウイルスを絶対に持っていないとも言い切れません。

だから蚊の場合、「採集して飼育」はしないで大学や研究所から入手しています。アカイエカは某公衆衛生関係の研究所からいただいた「御所系」。これは40年以上前に奈良県御所市で採集され、大学や研究施設などでずっと累代飼育されている系統

で、薬剤の試験では標準的に使われるもの。弊社でも入手して20年以上、私の入社前からずっと累代飼育しています（飼育してる害虫はすべて入手経路の記載もあるのです）。

ヒトスジシマカはN大学から、ハマダラカの一種で日本名のない蚊（当時）はある感染症の研究所からいただきました（これ、羽化までの期間が長くて飼育が難しいんです）。

害虫を飼っている研究機関は、たぶんみなさんの想像以上にたくさんあって、飼育方法を教えてもらったり相談したり。とても頼りになる味方です。

ヒトスジシマカは墓地の花立てや竹の切り株、空き缶、植木鉢の水の受け皿など、ほんの少しの水があれば発生します。秋、小さな水たまりに産みつけられた卵は、そこが乾燥しても生きていて、春になって水が溜まると孵化してボウフラになる。

水中で落ち葉などから発生した有機物や微生物を食べて成長して、5月の連休のころには現れて「かゆっ！」となるわけです。

飼育室では、ボウフラのエサは市販の昆虫飼料やマウス・ラット用飼料を粉末にしたもの、ビール酵母などです。そして成虫には砂糖水。実はオスもメスも、蚊のエネルギー源は糖分ですから、自然界では花の蜜などを吸っています。**血は産卵のため**

の栄養源なので、吸血に来るのは交尾を終えたメスだけです。

「じゃ、その血はどうやって与えているの？」という疑問が湧くのは当然ですよね。ある医大では、消費期限の切れた輸血用血液を温めて使っていると聞きました。また、細菌の培地用に販売されている牛や馬の血液の粉末を使う方法もあるようですが、そこから先は企業秘密。

さて吸血したメスは、アカイエカなら１２０～１５０個、ヒトスジシマカでは１００個前後の卵を産み落とします。精子は一度の交尾で受精嚢という袋に蓄えられているため、吸血するだけでまた産卵できます。こうして成虫のメスは３～４回産卵するのです。

アカイエカの場合ボウフラの期間は７日ほどなので、月曜日に卵を集めて、翌週の月曜日にサナギになるようにタイミングを図っています。つまり孵化した週末に、ボウフラは終齢（幼虫の最終段階）まで成長しているので、**金曜日にしっかりエサを与えておくと、週明け月曜日にサナギになってくれます。**

想像するよりデリケート

今、振替休日で月曜日が休みになることが多いですよね。だから火曜にサナギになるように試してみたことがあります。でも、終齢のボウフラのために土曜日にエサやりが必要です。いろいろ曜日を動かしてみたのですが、あちらを立てればこちらが立たず。結局は月曜日が基準のスケジュールに戻っていました。

月曜日にサナギを集めようとしたら成虫になっているときもあります。もちろん遅れることも。飼育室内の温湿度が少しずれると、早くなったり遅くなったりするんです。加湿器が故障して湿度が下がると、産卵数がてきめんに低下します。

つまり、**高温多湿の日本の夏にぴったり適合してるのが蚊。ヒトスジシマカの生息域が、少しずつ北上しているのもよくわかります。**「害虫だから強い」のではなくて、環境に合っているから強いし大量に増える。想像するよりけっこうデリケートです。

もっと知りたい！
蚊のこと
種類によって吸血の
時間帯が違います

●就寝時、耳元でブーンと不快な羽音がするのはたいてい**アカイエカ**。夕方から夜間に吸血する蚊です。ビルや地下鉄にいるのは近縁種の**チカイエカ**で、やはり夜に活発です。**ヒトスジシマカ**は、昼間活動性で、とくに朝夕の時間帯に活発に吸血します。

●蚊の口針は注射針の10分の1という細さ。しかも1秒間に約30回も細かく振動させながら、皮膚や筋肉を押しのけるようにして刺すそうです。吸血のとき、血を凝固させないための物質を含んだ唾液を注入するため、**アレルギー反応**が起こってかゆくなります。

●蚊は体温や呼吸による二酸化炭素、汗に含まれる乳酸などを感知しています。そのため大人よりも体温が高い赤ちゃんや子ども、汗をかいている人、**飲酒している人**などに集まってきます。黒い服も狙われやすいので、避けるには**白い長袖のシャツ**がおすすめ。

〔8〕

ムカデ

小さな昆虫やクモ、ミミズなどを食べる肉食性の節足動物です。昼間は草むらや石垣の隙間、落葉や石、植木鉢の下などに潜んでいますが、夜にエサを求めて活動、屋内に侵入することもあります。普段はじっとしていますが、動くときはとても俊敏です。

自ら人を襲うことはありませんが、室内に侵入した場合や庭仕事の際などに触れてしまうと咬まれます。ハチに似た種類の毒があるので激しい痛み、腫れがありますが、命に関わるケースは少ないようです。

【飼育数】トビズムカデ　総数約500匹

【代表的な種】トビズムカデ *Scolopendra subspinipes mutilans*　**【体長】**11〜15cm

【時期】3〜12月　**【分布】**北海道(南部)、本州、四国、九州

【飼育の難易度】★★★(まだ累代飼育ができない)

赤い頭部、暗緑色の体、黄色い足を持つ毒々しい姿をした日本最大級のムカデ。足は21対で、見た目の気持ち悪さと、毒のある牙で咬みつくことがあるため不快害虫とされる。でもゴキブリが好物でさまざまな害虫を食べてくれる益虫の面も。

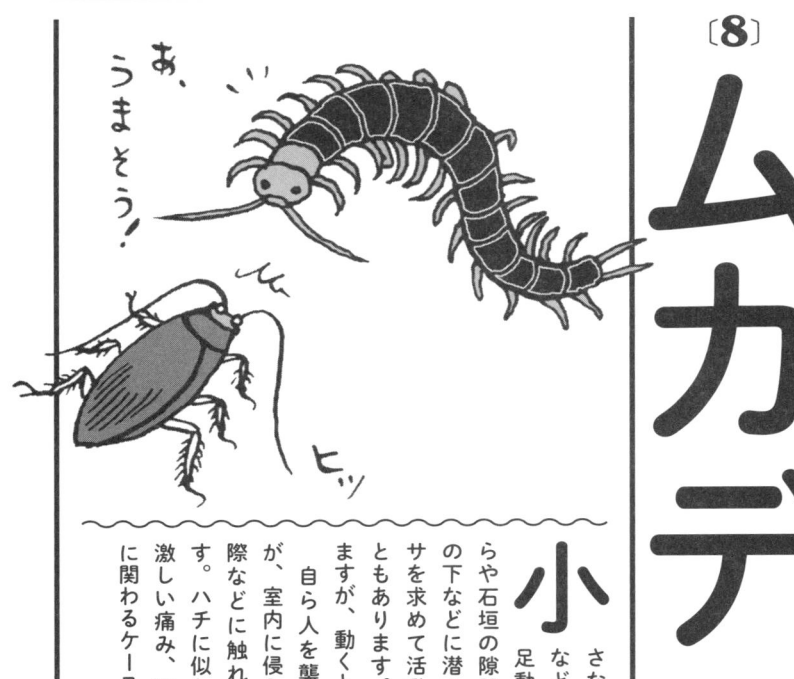

〝ムカデ捕りガール〟とその後

私は入社した当初から10年ぐらい、寒くなるとムカデを捕りに行っていました。赤穂市内のムカデがいる山に出かけるのです。朽ち木を見つけて砕くと、ムカデが出てくるので捕まえる。軍手をして、長いピンセットを使って、1匹ずつプラスチックのカップに入れていきます。

晩秋から冬が捕獲シーズンなのは冬眠状態で動きが緩やかだから。夏だと動きが速すぎて、捕まえられません。いつも1人で行って、朽ち木の周りにしゃがみ込んでムカデを捕っていると、よく声をかけられるんですよ。

「お姉ちゃん、何しとん？」

「ムカデを捕っているんです」

「ムカデ！　何でまた？」

「実は私、アース製薬で……」

もう毎回毎回、同じように聞かれて、同じように説明していました。不審、というか不気味なお姉ちゃんだったでしょうね。ムカデがいそうな朽ち木は、たいてい日陰にあって、若い女性（自分で言うのもなんですが）が好んで立ち寄るような場所ではありません。

ずっとしゃがんで朽ち木をほじくっているのは若くてもしんどい。腰にきます。

でも、必要なムカデは確保しないといけない。ちょっと時間のできたときに「そろそろ捕りに行っとこか」と、出没していたのでした。

1回の〝出動〟で10匹ぐらいは捕まえていました。仕事で行ってるから「1匹も捕れんかったら帰れへんよな」というプレッシャーがあるんですよ。

触れた瞬間、パクッと咬みつく

捕りに行くのが大変なので、先輩のKさんは研究所の敷地内でムカデが捕まえられるようにしようと企てました。建物の裏手は山ですから、ムカデがいるはずです。日陰の一角に朽ち木などを置いて水をまき、ムカデをおびき寄せる通称「Kムカデ園」を造ったのですが、あるとき、除草剤の試験か何かでその場所が使われることになって、あえなく消滅。

ムカデは繁殖させるのが難しく、私たちも累代飼育までできていません。それに試験に使う12～13センチの大きさになるまでは5～6年かかるので、捕まえに行ったりしているわけです。

産卵から5センチくらいの幼体までは飼育に成功しています。ムカデのオスは精子の入ったカプセル（精包）を落とし、メスはそれを拾って受精します。卵を産むとメスは孵化するまでの1か月～1か月半、飲まず食わずで抱いています。地面に着くと雑菌で卵が死んでしまうので、ずっと抱いているのです。

そうやって**大切にしていた卵なのに、孵化して小さなムカデが走り出すと、親はエサと間違えて食べてしまうのです。**

せっかく生まれたわが子を食べてしまうことのないよう、タイミングが合ったときは子どもを別の容器に隔離するようにしているのですが、そこから育ちません。いろいろ調べて、リンゴや牛乳を与えるといった方法も試したのですがうまくいきません。自然の中にいる子ムカデは、成長に必要な〝何か〟を食べているのでしょう。

ムカデは共食いするので、1匹ずつプラスチックのカップに入れて飼っています。

最初のころは、大きな衣装ケースに土を敷き、何匹も入れて飼っていたのですが、**開けてみたら共食いして1匹しかいなかった、なんて失敗もありました。**ずいぶん捕まえたのに……。へなへなと力が抜けました。

今は週に1回、500個のカップを一つずつ開けて、エサとしてゴキブリを3匹入れてやります。ムカデは目が退化しているため、ほぼ触角に頼って生活しています。自分でエサに向かっていくのではなく、何かが触れると瞬時にパクッと咬みつく習性なので、基本的には生きているものでないと食べません（ムカデコロリなどの糖分や、野外だと樹液などは舐めます）。

しかもワモンだとあまり食べないけれどもチャバネだとよく食べる。ゴキブリの種類で好き嫌いがあるみたいで、**案外、グルメなのがムカデです。**

もっと知りたい！
ムカデのこと
寝具や靴の中に
入っていることも

●ムカデが住んでいるのは屋外ですが、ほんの数ミリの隙間があれば、夜間、好物のゴキブリを求めて家の中に侵入してきます。ゴキブリが多いと、それだけムカデも侵入してくることに。ムカデ自体は病原菌を運ぶこともなく、**ゴキブリを食べてくれる**のはありがたいのですが、布団の中に入ってきて人間を咬むこともあるのは困ります。ゴキブリを駆除するとムカデの侵入の抑制につながります。

●ムカデはハチに似た毒を持っているので、咬まれると激痛がはしり、赤く腫れてきます。生命力がとても強く、頭部がちぎれた状態でもしばらく生きていて、咬みつくこともあるほど。命に関わるほどの重篤な例は少ないとされていますが、**アナフィラキシー**（アレルギー症状が出る反応）の可能性もあるので、咬まれないことが重要です。

●暖かい場所と湿気が大好きで、気温が18度以上になるととくに活発になるので、梅雨時から８月は被害が増大します。**ペットがムカデに咬まれる**ことも。実は私が自宅で飼っているネコも咬まれたことがあります。腫れが引くまで２～３日、ずっと押し入れに引きこもってじっとしていましたがかわいそうでしたね。

〔9〕

屋内にいるダニ

昆虫ではなくクモやサソリの仲間です。頭・胸・腹が一体になって節のない胴体部と8本の脚が特徴。どんな家庭にも一年中存在しており、気温20〜30度、湿度60〜80%の高温多湿の条件下で急増します。カーペット、ベッド、畳などにいるヒョウヒダニ（チリダニ）類・コナダニ類・ツメダニ類は「屋内塵性ダニ類」と総称され、小児ぜんそくやアトピー性皮膚炎など、アレルギー性疾患の原因になっています。

【飼育数】ヤケヒョウヒダニ、ケナガコナダニ、ミナミツメダニなど6種　総数1億匹以上

【代表的な種】ヤケヒョウヒダニ *Dermatophagoides pteronyssinus*　**【体長】**0.3〜0.4mm

【時期】ほぼ一年中　**【分布】**全国　**【飼育の難易度】**★（簡単）

カーペット、ベッド、枕、布団、ソファなどに生息。人のフケ、アカなどの有機物をエサにしている。部屋にいるダニの約90%はこのヒョウヒダニ類とされ、ダニの体や死骸、糞がアレルギー性疾患の原因（アレルゲン）となる。

ダニは必ず発生する

種類にもよりますが、ダニの体長は0・2〜0・5ミリ。ものすごく小さいので、老眼じゃなくても肉眼で見つけることはなかなか大変です。

黒いものの上を1匹だけ歩いていたら、ジーッと見ていたらわかります。でも白や薄い色だったらわかりません。

飼育室では、他の害虫のエサなどからときどき発生することがあるので、飼育容器に粉のような白い点があると、すぐに「ダニ!?」と思ってジーッと見ます。動かなかったら「あ、よかった」となりますが、動くと「来た！」と身構えます。

ダニが好むのは夏の閉め切った家屋のような、高温多湿の環境です。室温25度、湿度40〜50％の飼育室は、ダニの繁殖には湿度が低すぎるのですが、害虫の飼育容器の中はもっと湿度が高くなることも多く、繁殖しやすくなっています。

そのまま飼育しておいても支障のない場合は「ダニがいるのは仕方がない」と割り切ることもできますが、悪くすると、一からやり直し。ものすごい徒労感です。

他の害虫の容器に混入して発生するのを少しでも抑えるため、ダニだけは別の飼育棟で飼っているくらい気を遣っているのに、あざ笑うかのように発生するので腹立たしいですね。

もちろん研究用、試験用に必要なダニは、種類別に繁殖させています。

高温多湿を好む彼らのため、ダニの飼育容器は、恒温器という温度を一定に保つ装置（何十万円もします！）に入れ、温度は25度でキープ、湿度が70％以上になるように環境を調えてやっているんです。

フケやアカ、ホコリなどの有機物をエサにしているダニの飼い方には、昔からのレシピがあります。そう、レシピというのがぴったりなくらい、お料理みたいな作業です。

ヤケヒョウヒダニの場合、まずシャーレにマウス・ラット用の飼料を粉末にしたものとビール酵母の粉末を入れてよくかき混ぜて培地にします。そこに、ダニを薬匙で何杯か入れ、またかき混ぜたら、恒温器に入れます。コナヒョウヒダニの場合は、マウス・ラット用の飼料の代わりにカツオの魚粉を使います。

これだけで、ダニはどんどん増えていきます。1週間に1回、ふたを開

けて空気を入れてあげるぐらいで増殖します。

最初は培地にかき回した跡が残っていますが、ダニが増えてくると跡が消えて、ふんわりしてくると、かき回してもすぐまた平たくなります。何千、何万という数のダニがうごめいているからですね。もちろん1匹ずつ数えるなんてできません。

ダニが増えて培地が減っていくので、体積は増えます。

ヒョウヒダニ類の場合、飽和状態になると1グラムあたり2万～8万匹といわれています。自分で飛ぶわけではありませんが、とても軽いため空気中をふわっと浮遊します。くしゃみなんか絶対にできません。

見つけても見つからなくてもがっかりする極小害虫

弊社のお客様相談室から「ダニがいるかどうか調べてほしい」と、掃除機のゴミパックが研究所に届くことがあります。

「ダニに刺された！　虫ケア用品が効いてないんじゃないの？」というお客様の問い合わせを受けて、どんなダニがいるのかを調べるため、お客様相談室がその方にお願いして送ってもらったものです。

その中をていねいに調べていくのも、私たち生物研究課の役割。取り出したゴミを遠心分離機にかけてダニを探します。

人間を吸血する恐れがあるのは、ネズミなどに寄生しているイエダニですが、見つかりません。ヒョウヒダニ類やコナダニ類が大量に繁殖すると、こうしたダニをエサにするツメダニも大発生して間違って人を刺すことがありますが、ツメダニもいません。弊社の燻煙剤、ダニアースレッドを何度か使っていただいていたそうで、ヒョウヒダニ類なども一般の家庭よりずっと少ない。

結局、「人を刺すようなダニは見つかりません」という報告になりました。見つからなくて、お客様はがっかりされたようです。

そうかと思えば、パンパンに膨らんだゴミパックがお客様相談室から届いて、**開けたとたんノミがピョンと跳び出してきたこともありました。**

気密性の高い住宅が増えて、ダニにとっても住みやすくなったため、以前よりも増えやすくなったといわれています。死骸や糞もアレルゲンになるので、見つけられるものは見つけたいと探していますが、ダニを飼育するよりもハードな仕事ですね。

もっと知りたい！ 屋内にいるダニのこと

●掃除機でカーペットのダニを吸い取る実験をしたことがあります。繊維にしがみついた**ヒョウヒダニ**類は、掃除機で吸引しても簡単には引き剝がせません。1分かかって数匹が吸い込めるかどうか。実験した動画を**「Danny」**というサイト（http://danny.press/）でご覧いただけます。

●**ケナガコナダニ**は繁殖力が極めて旺盛。高温多湿の梅雨どきや秋口に、食品や畳に大発生します。デンプンやタンパク質、旨み成分が大好きなので、小麦粉やお好み焼き粉、煮干し、ドライフルーツ、さらには七味唐辛子などに発生することも。開封した袋は、温度・湿度ともに低い**冷蔵庫で保存**すると繁殖を防ぐことができます。

●本文でも触れましたが、**イエダニ**は通常ネズミに寄生していますが、ネズミが死んだ場合や、ネズミの巣内で大発生した場合などは、移動して人も吸血します。5月ごろから発生し、6〜9月がピークになります。ネズミを駆除した後や**ネズミの死骸**を見つけたとき、イエダニにも注意してしっかり駆除しましょう。

〔10〕

マダニ

カーペットなどにいる見えないほど小さなダニとは違い、肉眼でも確認できるサイズで、人間や動物の血を吸って繁殖する害虫です。産卵のためだけでなく成長するためにも血が必要なのでオス・メスともに吸血します。咬まれて問題なのは、痛みよりもさまざまな感染症を媒介すること。草むらや茂みに生息しており、森や林だけでなく都会の公園や河原などにもいるので注意が必要です。

【飼育数】約5000匹

【代表的な種】フタトゲチマダニ *Haemaphysalis longicornis*

【体長】約3mm(吸血すると約10mm)　**【時期】**5〜10月

【分布】北海道、本州、四国、九州　**【飼育の難易度】**★★(咬まれたくない！)

草丈が伸びてくるころから活動を始め、植物の茎や葉に隠れて人間や動物が通るのを待ち構えている。初秋のころに幼虫がもっとも増え、ペットの散歩から帰ると大きく膨らんだ状態で発見されることが多い。生命に関わるSFTS(重症熱性血小板減少症候群)を媒介。

咬まれちゃダメよ！　危なくて面倒くさいやつら

今、日本の山では鹿がすごく増えています。子鹿は可愛いし、「野生動物が増えたのはいいことじゃないの？」と思われるかもしれませんが、木の皮を食べて樹木が枯れてしまい、山が荒廃するといった問題も起きています。

でも私たちが鹿と聞いて連想するのはマダニです。実は、**鹿にはよくマダニが付いていて、鹿の増加によってマダニも蔓延しているらしいのです。**

「山に行かないから大丈夫」「近所で鹿なんか見たこともないし」などと安心はできません。イノシシや野ネズミも宿主なので、マダニの生息地域はどんどんと広がっていて、公園や河川敷で吸血されたというケースが増えています。

普通のダニとは違って、マダニがいるのは屋外の草むらです。吸血しなくても何か月も生きられるので、ずっと葉陰に身を潜めて人間や動物が通るのを待ち構えています。で、イヌや素肌をさらしている人間が散歩で通ると付着するのです。

皮膚の柔らかい部分に咬みついたら、接着剤のような物質を出して固着します。

吸血前は3ミリくらいだったのが、吸血後はパンパンに膨らんで10ミリ

以上、ビフォーアフターの差にはビックリしますよ。

マダニに咬みつかれた直後は痛みをあまり感じないようです。唾液に麻酔作用のある物質が含まれているためで、そのまま1週間くらい（ときには10日以上も）吸い続け、満腹になるとようやく離れます。

もし咬みついているところを見つけたら、ムリに剝がしてはいけません。顎の一部が皮膚の中に残って化膿することがあり、また、つまんで剝がそうとしたときに、マダニの体内から病原体を注入されてしまう恐れもあるからです。つけたまま、皮膚科のお医者さん（もちろんイヌやネコなら獣医さん）に行きましょう。

マダニに咬まれてまずいのは、日本紅斑熱やライム病、ダニ媒介性脳炎、SFTS（重症熱性血小板減少症候群）などの感染症を引き起こす可能性があること。

最近、とくに注意が呼びかけられているのはSFTSです。致死率は30％にも達するというデータがあり、日本で年間60人以上が発症し、10人前後の人がこのSFTSによって亡くなっています。被害の報告は西日本が多いのですが、北日本のマダニからもSFTSウイルスが発見されているので、油断できません。

ツツガムシもダニの仲間で、北海道や沖縄など一部の地域を除く、全国の野山や河川敷などに生息しています。こちらは体長が0・2ミリほどの幼虫の時期に、体の柔らかい部位、脇の下や内もも、下腹部などを刺し、血ではなく体液を吸います。

リケッチアという病原体を持っていることがあり、ツツガムシ病の原因です。

「病気をしないで健康に」という意味の「つつがなく」は、ここから来ているそうです。いるのはご想像の通り。毎年、全国で数百人がツツガムシ病に感染しているそうです。重症になると肺炎や脳炎症状を引き起こして、最悪の場合は死にいたるケースもあります。

飼育に必要なのはまず根気

そんな物騒なマダニとツツガムシも累代飼育しています（もちろん病原体を持っていないことは確認済みですが）。

SFTSが日本で確認されたのは2013年でした。こうした異変や事件があると、試験用の害虫の需要が一気に増えます。マダニやツツガムシは忌避剤（虫除けスプレー）の有効性の試験のため、〝超売れっ子〟になりました。

開発・研究チームから「この時期にこのくらい使えるように用意しておいてください」という予定はもらっているのですが、なかなか計画通りにはいかないのが生物飼育のつらいところ。しかも、先の「屋内塵性ダニ類」とは違って、マダニとツツガムシは「培地に混ぜておいただけで増える」というわけにはいきません。サンプル管に入れて逃がさないよう注意して飼っています。

大変なのはサンプル管に入れっぱなしではすまなくて、何度も出したり戻したりという作業がついて回ること。**とくにツツガムシは幼虫が小さいこともあって、潰したり逃がしたりせず扱うには相当な根気が必要です。**飼育するのに必要なのは秘伝の技術に加えて、圧倒的な根気です！

ツツガムシは、東海地方の医大で研究していた先生の退官を機にいただいたもの。でも「飼いたいです！」と手を上げたところはウチしかなかったようです。害虫を飼育している弊社の関連会社にも「2か所で飼ったほうが、失敗のリスクを避けられるから」と声をかけたのですが、断られてしまいました。

それくらい「面倒くさい」と敬遠されているんです！

もっと知りたい！マダニのこと

●マダニが媒介するSFTSには、今のところ有効な**治療薬はありません**。咬まれないよう**予防が第一**です。草むらに入る場合には、長袖、長ズボンを着用、サンダルのような肌を露出するものは履かないこと。明るい色の服を着るとマダニの付着がわかりやすくなります。

●虫除けスプレーも上手に併用しましょう。弊社の「サラテクト」シリーズにはマダニやツツガムシに有効なディートを含む製品があります（マダニ類を飼育してきた甲斐がありました！）。外出先から戻ったら、玄関に入る前にまずマダニが付着していないかを確認。あやしげな虫がついていたら、洋服をたたいて払ったり、ガムテープなどで取ったりしましょう。ペットが草むらに入ったときは、**ペットの体もいつもより入念にチェック**を。袖口から侵入し、太ものつけ根などに咬みついていることもあるので入浴時はよくチェックしてください。

●万一、咬まれてから１～２週間の間に食欲不振や発熱、嘔吐、下痢ほか風邪のような症状が出たら、**早めに病院に行って**、医師にマダニやツツガムシに咬まれたことを伝えることが大切です。

〔11〕

トコジラミ

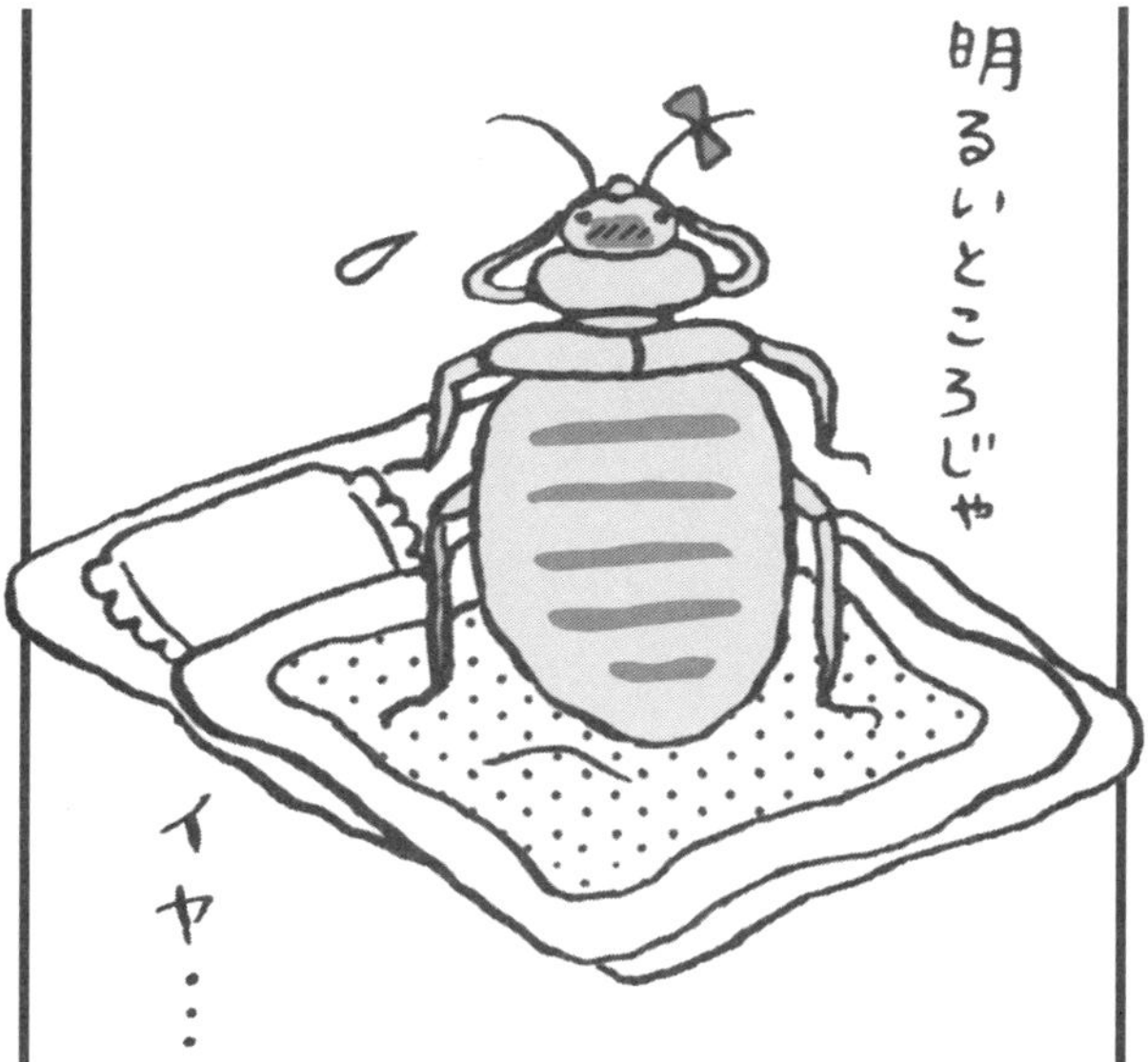

別名ナンキンムシ。

昼間は家具やダンボールの隙間などに隠れていて、夜間に這い出して、露出している足や手、首などを刺して吸血します。

刺されると個人差はあるものの、激しいかゆみを伴い発疹や発熱を引き起こす場合も(病原菌は媒介しないようです)。吸血した大部分が糞として排出されるため、家具の裏や隙間に点在する黒褐色のシミとして残ります。

【飼育数】抵抗性3系統など4種　総数約3000匹

【代表的な種】トコジラミ *Cimex lectularius*　【体長】5〜8mm

【時期】6〜9月が多いが、暖房があれば通年　【分布】北海道、本州、四国、九州

【飼育の難易度】★★

茶褐色で扁平な体で狭い隙間に潜んでいる。名前に「シラミ」とつくものの、実はカメムシの仲間。成虫は1日に3〜6個、一生の間に約200〜500個の卵を産む。25度前後の暖かいところを好むが、0度で6か月生存した報告もある。

トコジラミは明るい場所が苦手

先日、ウチの研究員たちがイギリスとフランスに出かけて、トコジラミにめちゃくちゃ刺されて帰ってきました。わりとグレードの高いホテルだったようですが、もうかゆくてかゆくて眠れなかったようです。

日ごろから研究員たちは、**ホテルの部屋に入ると、ベッドと床と壁の隙間などに黒い小さなシミ**（血糞）**が点在していないか、脱皮した抜け殻がないかなどチェックしているのだそうです。**もしそんな痕跡があれば、明かりは煌々とつけたままでアイマスクをして寝る。トコジラミは基本的に、明るい場所には出てこないからです。

明かりを消すとベッドの隙間から出てきて、明かりをつけるとサーッといなくなる。トコジラミの動きはすごくすばやいです。

ただし、明るい場所には出てこないはずなのに、あまりにも空腹だと明るくても吸血すると書かれた文献もありました。このホテルのトコジラミは、腹ぺこだったのかもしれません。

日本では戦後、ＤＤＴなどの強力な殺虫剤によってほとんど撲滅されていたのですが、近年、都市部を中心に広がっていて問題になっています。海外からの旅行者によって持ち込まれたらしく、ホテルや旅館など宿泊施設から広がっているのです。

手荷物や衣服などのわずかな空間に紛れ込んで侵入し、夜間、血を吸いに這い出して、そのまま居着いて繁殖、というケースが多いようです。

スーツケースのキャスターの隙間にいた例もあるくらいなので、誰にも気づかれることなく、持ち込まれてしまうのでしょう。

刺されると唾液によるアレルギー反応で、眠れないくらいの激しいかゆみに襲われます。血が出るほどかきむしる人もいるほど。

かゆみの被害だけでなく、宿泊施設や飲食店などで発生すると大変です。

家具や寝具が血糞で汚れる上、とくに宿泊施設では駆除費用のほか空室を余儀なくされるなどの経済的損失に加えて、「あのホテルにはトコジラミがいた」などという評判が立つと一大事です。風評被害も恐れてひた隠しにされていますが、日本でもトコジラミがかなり広がっていることは間違いないようです。

「勝手に繁殖してね」で手間いらず

都市部では、一般の住宅にまで広がっています。宿泊施設や飲食店などからトコジラミを持ち帰ってしまったのでしょう。そんな状況から、とくに数年前は弊社でもトコジラミを駆除する虫ケア用品の開発が急務になったことがあって、試験用のトコジラミもずいぶん需要がありました。

飼育容器の中には、黒い画用紙を何枚も重ねています。トコジラミはとにかく隙間が大好き。**何層にも重なった紙の隙間に、厚みがほとんどない平たい体で入り込んでいますが、満腹状態ではぷっくり膨らむのです。**

産卵しても卵を分けたりはせず、そのまま飼っています。「勝手に繁殖してね」という感じ。ほとんど手間はかかりません。その意味では飼いやすい害虫です。

トコジラミはシラミではなく、カメムシに近い昆虫です。潰したりすると独特のニオイがします。シラミとの共通点は「吸血する翅のない虫」といった点くらいですね。

吸血する害虫を飼育する人やチームには、独自の工夫やノウハウがあって興味を引かれます。以前、コロモジラミを腕に乗せて吸血させて育てていた研究者がいました。

数センチ角の布には５００匹のコロモジラミがいて、１日に2回、自分の腕に乗せて吸血させるという過激な方法が専門書に写真付きで載っていました。

この先生がお年を召し、若い研究者に受け継がせようとしたら拒否されたそうです。若手が拒否したのではありません、**シラミたちが「先生の腕じゃないとイヤ」とつかなかったのだそうです。**研究者の情熱、恐るべしというすごい話ですよね。

でも、私は刺されたくありません。**いちばん持ち帰りたくない害虫がこのトコジラミ。**うっかり服などについて持ち帰って、家の中で繁殖したら、駆除するのが本当に大変です。壁の隙間とか、本と本の間などに入り込むので、燻煙剤を使ってもなかなか退治できません。何か月も吸血しなくても生きているし、冬の寒さも平気、暖房していれば楽勝で越冬します。害虫駆除の専門業者にとっても難敵です。

だから私たち飼育員は、出勤すると身につけているものをほぼ全部着替えるのです。私は靴下まで履き替えています。虫はほとんど黒色なので、白衣だと虫がついていることがよくわかります。いつも「刺されるのも持ち帰るのもいや」と思いながらトコジラミを扱っています。

もっと知りたい！トコジラミのこと

◉トコジラミに刺されると、刺し口（赤くなった小さな点）が2つあるとよくいわれますが、必ず2つというわけではありません。1つのケースも多く見られます。

また、かゆみはアレルギー反応で起こるので、初めてトコジラミに刺された人の場合、かゆくなりません。そのため発見が遅れてしまうこともあるほどです。刺された経験を重ねると、かゆみが激しくなってきますが、刺され続けていると**かゆくも痛くもない**という人も出てくるようです。

◉現在、問題になっているのは薬剤に強い抵抗性のトコジラミです。旧来のトコジラミに比べて、**1000倍も抵抗性が強い**タイプも現れています。「トコジラミへの効力」を記載した弊社製品は、薬事法に基づき、抵抗性を持つトコジラミへの効力を確かめています。そのために、飼育室では強い抵抗性を持つ系統も飼育しているのです。

◉かつては**ナンキンムシ**（南京虫）と呼ばれていましたが、**中国原産というわけではありません**。昭和30年代に日本在住の華僑の人から「中国や南京には関係ないのだからこの名称はおかしい」という声が上がって、「トコジラミ」という名称になったのだといわれています。

【コラム3】入社当時のこと

生物研究課が6人体制になったのは、それだけ飼育している害虫の数が増えたからです。20年前に私が入社したときは、年配の方とこの本で何度か登場するK先輩と私ともう1人。実質的には3人でしたから。

弊社の製品も、ごきぶりホイホイやアースレッド、アースジェットほか、ゴキブリ、蚊、ハエといった衛生害虫を退治する製品が中心でしたが、アリやハチ、カメムシ、ナメクジほか不快害虫や園芸害虫など、対象となる害虫が広がっています。

私が入社したのは、ちょうど本格的に害虫飼育を始めようとしていた時期でした。それまでK先輩と年輩の方2人でゴキブリ、ハエ、蚊、ノミなど30種ほど飼育していたところに私が入ったのです。

先にも書きましたが、最初に担当したのがハエ、2年目がゴキブリです。ハエが害虫飼育で初心者向き、なんてことはまったくなくて、ただ人手が足りないから任されたのでした。K先輩が作業のやり方は教えてくれましたが、基本的には自分で考えながらやれと（笑）。でも、私にはそれがよかった。

年配の方は私が入って1年ほどで定年退職されたので、若い人を入れて害虫飼育に力を入れていこうという方針だったようで、K先輩とほとんど2人で回すことになりましたが、おかげで自由に仕事ができました。よその研究施設などで飼育の様子を見せてもらって、いい方法があればすぐに採用もできたし、効率的なやり方をどんどん取り入れていきました。それまでは掃除と洗い物でほぼ半日以上が潰れていたので、大変革したんです。

今の新しい研究棟ができたのは、私が入って4年くらい経ったころです。以前の飼育室は、今とはまるで違って、暗くて何ともいえないニオイもしていました。

そんな、暗くてニオイのしていた場所にも、ときどき見学者がありました。私も案内していたんです。今みたいに、ときどき小学生にも見てもらうようなきれいな見学用施設ではなく、リアルな飼育室をめぐるコース。薬剤や香料などの原料メーカーの方とか、研究所に立ち寄ったとき営業担当者と一緒に見えることが多かったようです。

きっと、"ホンモノのお化け屋敷" みたいな感覚だったんじゃないかと思います。

当初、見学者への説明は、K先輩がしていました。でも、ある日突然「今度、見学者来たら有吉さんな」ということに。見学用の資料もマニュアルも何もないのに、いきなり任命されてしまって、こんな説明をしていました。

「この部屋でゴキブリを育ててます」

「こちらがイガの飼育室です」

「蚊はここです」

見学者からすると「それだけかい！」と言いたくなったでしょうね。暗いし臭うし、案内役は頼りない。今にして思えば「お客さんも大変だっただろうなぁ」と同情してしまいます。ごめんなさい。あのころに戻って謝りたい。

そんな経験があったから、解説用のマニュアルを作りました（英語版もあります。もちろんちゃんと監修してもらっています）。見学用コースにはそれぞれの害虫の説明も掲示してあります。

【コラム4】

ウチの子たち、ときどきドラマに出ています

「ウジ虫をもらえませんか？」という依頼が、ドラマの制作会社からありました。

ドラマのワンシーンで、本田翼ちゃんの脚をウジ虫が這うのだそうです。もしかしたら、脚だけ代役がいるのかもしれませんが。

ともあれ提供したのですが、しばらくしたらまた依頼がありました。どうやら撮影まで1週間くらいあって、幼虫（ウジ虫）がサナギだか、成虫だかになってしまったようです。こちらも撮影の段取りは知らないし、先方はハエの成長サイクルを知らなかったので、そんなハプニングになりました。

「○日くらいでサナギになりますよ」と言い添えて、また送り直したんですけどね（アマゾンプライム・ビデオにありますので、ご覧になってください）。

テレビや映画の世界では「虫が必要ならアース製薬に相談」みたいなことになっているらしく「ゴキブリください」「蚊はいませんか？」「アリはいませんか？」という問い合わせがときどきあります。

ウチが提供するゴキブリやハエは病原菌を持っていませんから、みなさんに安心して使っていただけます。と言っても現場の俳優さんたちは、ぎょっとしていることでしょうけど。

作品の中に害虫が出てきたら、この飼育室で育った子たちかもしれません。エンドロールの中で「アース製薬」のクレジットをチェックしてみてくださいね。

そういえば、と思い出したエピソードがありました。

10年以上前だと思うのですが、ビール酵母の「E」がダイエットにいい！　といわれてブームになったことがあります。覚えていらっしゃる方も多いのではないでしょうか？

いくつかの害虫を紹介する中でも出てきたように、エサによく配合しているのがビール酵母です。不足しがちなビタミンやミネラル、アミノ酸などの栄養

素をこれで補っています。

もちろん昆虫用・動物用ではなくて人間用ですよ。昆虫にとっても、繁殖や成長に必要な栄養成分が含まれているので、計画通りに飼育するために欠かせません。ドラッグストアなどでよく見かけるのは錠剤ですが、ウチでは粉末のビール酵母を6缶入りの箱で購入しています。


実は、この「E」ブームの最中、私たちは大ピンチに陥っていました。

いつものようにエサに混ぜて、残りが少なくなったから注文したところ……。

「ぜんぜん入荷できないのでムリです」

なんて言われて、入手できなくなったんです。

害虫ごとに与えるエサのレシピは決まっていて、「E」がないと成長が遅れたり産卵数が減ったりしかねません。とくに体重にばらつきが出ると非常にマズい。条件を揃えなくては、試験結果を前回と比較できなくなるからです。

赤穂市中を走り回って、運良く残っていたのを薬局で見つけましたが「もう、どうしよう!」と焦る気持ち、今も思い出しますね。

テレビで火のついた健康法ブームはいろいろあって、スーパーの棚からココアがなくなったり、バナナが売り切れたりしましたが、何といっても記憶に残っているのは「E」ブームです。

ゴキブリ様
ひかえ室
そろそろ出番
おねがいしまーす

〔12〕

ハエ

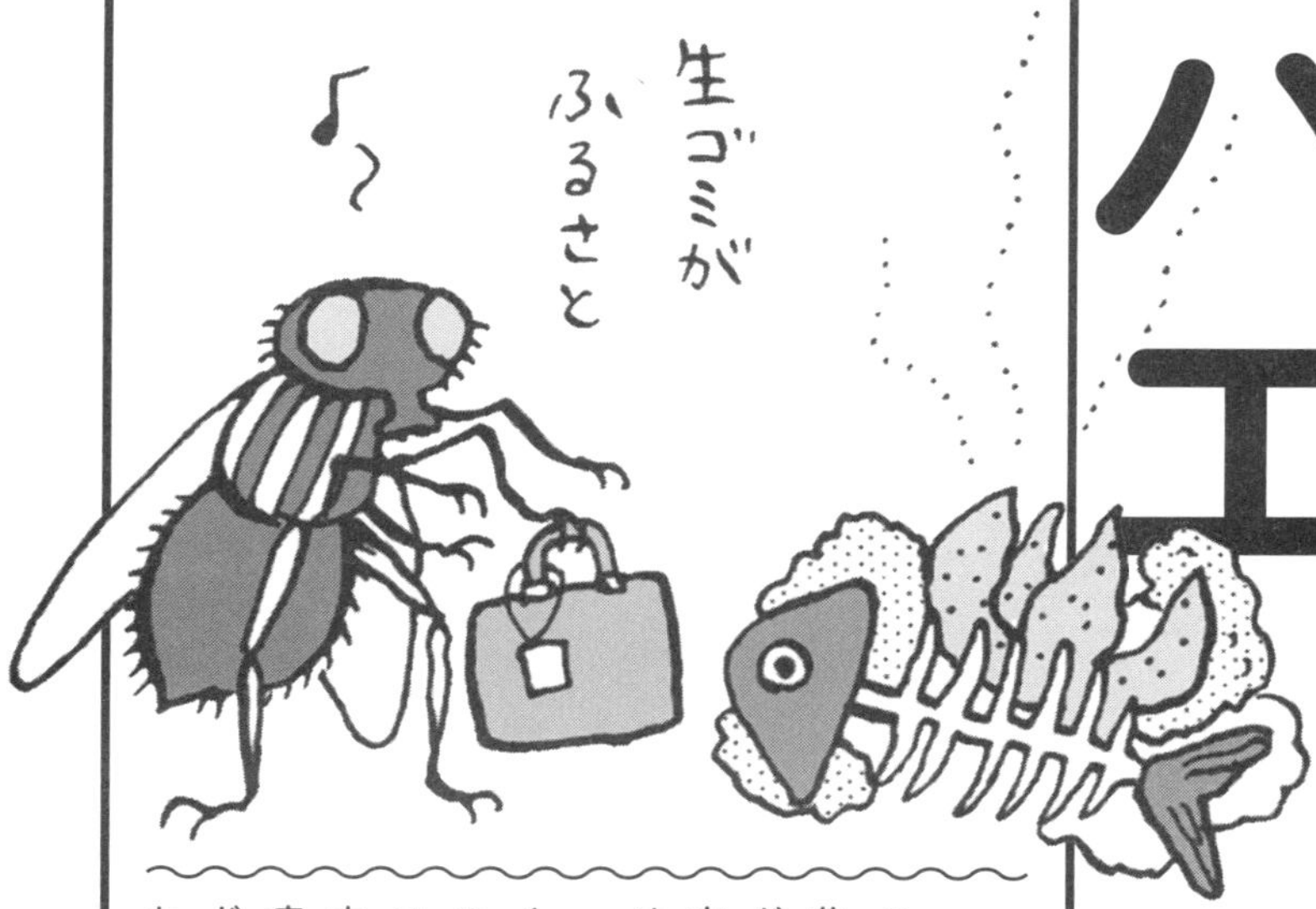

汚いところを歩き回ったその脚で食べ物にたかって、さまざまな病原菌を撒き散らすのが、イエバエなど大型のハエ。脚の先にも味覚器官があり、つねに脚をこすり合わせてゴミを落としています。

家屋内に好んで侵入し台所やトイレなどで多く見られるイエバエのほか、糞を食べるものが多いクロバエ類、動物の死体や糞に発生するニクバエ類などがおり、赤痢・コレラ・チフス・O-157など60種以上の病気を媒介するといわれています。

【飼育数】イエバエ、センチニクバエ、キンバエの3種　総数約2万匹

【代表的な種】イエバエ *Musca domestica*　**【体長】**6〜9mm

【時期】一年中　**【分布】**全国　**【飼育の難易度】**★（簡単）

灰色の一般的なハエで、人間の生活環境に生息するため、自然の中にはほとんど存在しない。羽化後4〜5日すると産卵を開始、1回に50〜150個、一生に500個の卵を産む。卵から成虫まで2週間足らずと成長が早く、大量発生することも。

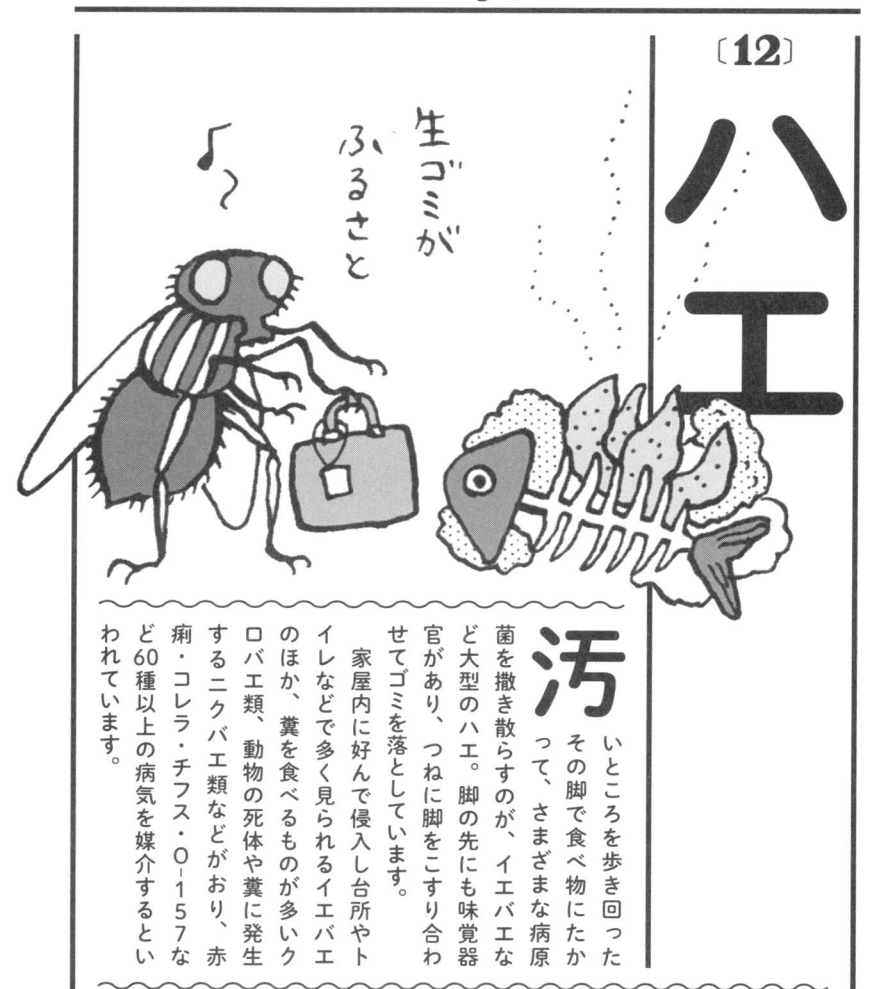

飛ぶ虫って大変

私が入社して、最初の担当がハエでした。

最初に指示された仕事が、バットの中でうごめいているウジ虫を、薬匙で別の容器に移すという作業。もちろん「害虫を飼育する仕事」と知って入ったのですが「わーっ、これかあ！」と一瞬、衝撃で気が遠くなりました。

そう、**本当にウジ虫がウジャウジャいるんですよ。**あのときの衝撃とニオイ、今でも忘れられません。ハエの幼虫がウジということも頭から抜け落ちていました。

仕事の内容は理解していても、現実と結びついていなかったんでしょうね。私、家の中でゴキブリが出たら親を呼んでくるような、クモでも無理なくらいの虫嫌いなのに、なぜか応募して、なぜか採用されたんです。

飼育といってもエサを与えて掃除するだけではありません。

入社当初、よくやっていたのがハエの体長と体重の測定です。1匹ずつ何十匹、何百匹と測って、平均を出していました。成虫の大きさにばらつきがあると、試験データに影響するので、定期的に大きさを測ってどのくらいばらつきが出るのか調べていたのです。

これがめちゃくちゃ面倒くさい。エーテルで麻酔をかけてから測るのですが、麻酔が浅いと途中で目が覚めて飛んじゃう。**「うわぁ、飛ぶ虫って大変」って思い知りました。**

脱臭器は必須の設備

朝、出勤してきたら部屋中ハエだらけだったこともありました。ケージに手を入れる部分がゴムなので、古くなると劣化して破れてきます。そのほんのちょっとの隙間から大量に脱走していたのです。ビックリしますよ。朝来て、部屋中にハエがいると。

いろいろな害虫を飼っているので、殺虫剤（弊社《ウチ》では虫ケア用品と呼んでいます）は使えません。寿命が尽きるのを待って掃除機で吸い取ります。あまりうっとうしいときはハエたたきを出動させます。おかげでハエをたたくのが上手くなりました。

ただ、ハエの飼育自体はあまり手間がかかりません。

今、イエバエの幼虫は昆虫の飼料やフスマ（小麦を製粉したときに除かれた皮の部分）

などを水で柔らかくしたものを培地にしています。ハエの種類で配合を変えています。その培地をカップに入れて、卵を植えつけておきます。ウジが成長してサナギになったらケージの中に移すという手順。

センチニクバエとキンバエは肉食ですから、ちょっと贅沢な牛のレバーが幼虫のエサです。カップの中におがくずを入れて、その上にレバーを置いて幼虫を入れます(ニクバエの仲間は卵じゃなくてメスのお腹から小さな幼虫で生まれます)。サナギになるときは乾燥したおがくずに潜り込むので、サナギだけケージに移すのです。

飼育室の室温は25度ですから、レバーなんかすぐに腐るのですが、それがハエにはいいんです。ただしニオイがすごい。イエバエの容器も、暖かくなると腐敗だか発酵だかして独特のニオイがします。生ゴミとドブと汲み取りトイレを足したような強烈なニオイ。でも、幼虫がモリモリと育つ環境だからこその悪臭です。

ハエの飼育容器は2台ある脱臭器の中に置いています。活性炭が入っていて強力にニオイを取ってくれるこの装置のおかげで、飼育室は普通に仕事ができる環境です。もし脱臭器がなかったら、とんでもなくブラックな職場になってしまうことは間違いありません。

警察が来た！

「ウジが何日ぐらいでこのぐらいの大きさになるかを知りたい」

そう言って法医学医さんが来たことがあります。ウジの写真を見せられて、その大きさになるまで何日かかるか聞かれました。詳しくは教えてくれなかったのですがニクバエの幼虫です。殺人事件の死体から出てきたらしく、死亡時期を特定するためだったようです。ハエの飼育室を見てもらって、ハエやウジを〝お土産〟に渡したような気がします。

刑事さんの来訪もありました。見せられたのは小さなウジの写真です。「ノミバエ（93ページ参照）の幼虫みたいですが、はっきりと特定はできません」と答えただけだったので、どのくらい役に立ったのかはわかりません。

ノミバエの幼虫が育つのは生ゴミなど腐った有機物の中です。写真のウジは部屋の中で見つかったような話でしたが「土の中にいても育つもんなんですかね」とも聞かれたので、土の中に埋められていたのかも？　「害虫飼育員のサプライズ捜査ファイル」みたいなミステリードラマ、あったらイヤだなとつい想像してしまいました。

もっと知りたい! ハエのこと

●成虫のエサはエネルギー源になる砂糖、成長や繁殖のために必要なタンパク質に粉ミルクです。自然の環境では花の蜜などからも糖分を摂っているようです。生態系の中でハエは、動植物の死体を分解するという大きな役割を持っています。が、やはりイメージ向上にはつながりませんよね。生ゴミや堆肥、動物の死体や糞などをタンパク源に繁殖する**衛生害虫**ですから。

●トイレの水洗化やゴミ収集の徹底など、住環境の衛生状態がよくなってハエは少なくなりましたが、その分、近年は衛生害虫としての認識が薄れてきて、以前よりも警戒されなくなっているようです。でも、**脚や体で病原菌を運んでいる**ことは変わりません。

●ニクバエ類は卵ではなく**小さな幼虫**（ウジ）を産みます。海外の衛生状態の悪い屋台などでは、食べ物にニクバエがとまった瞬間、ウジを産み落としていることがあり、それを食べて腹痛、嘔吐、下痢などの症状が起きる場合も。**センチニクバエ**は傷口や耳の中にウジを産むことがあり、「ハエうじ症（ハエ症）」と呼ばれています。

〔13〕

コバエ

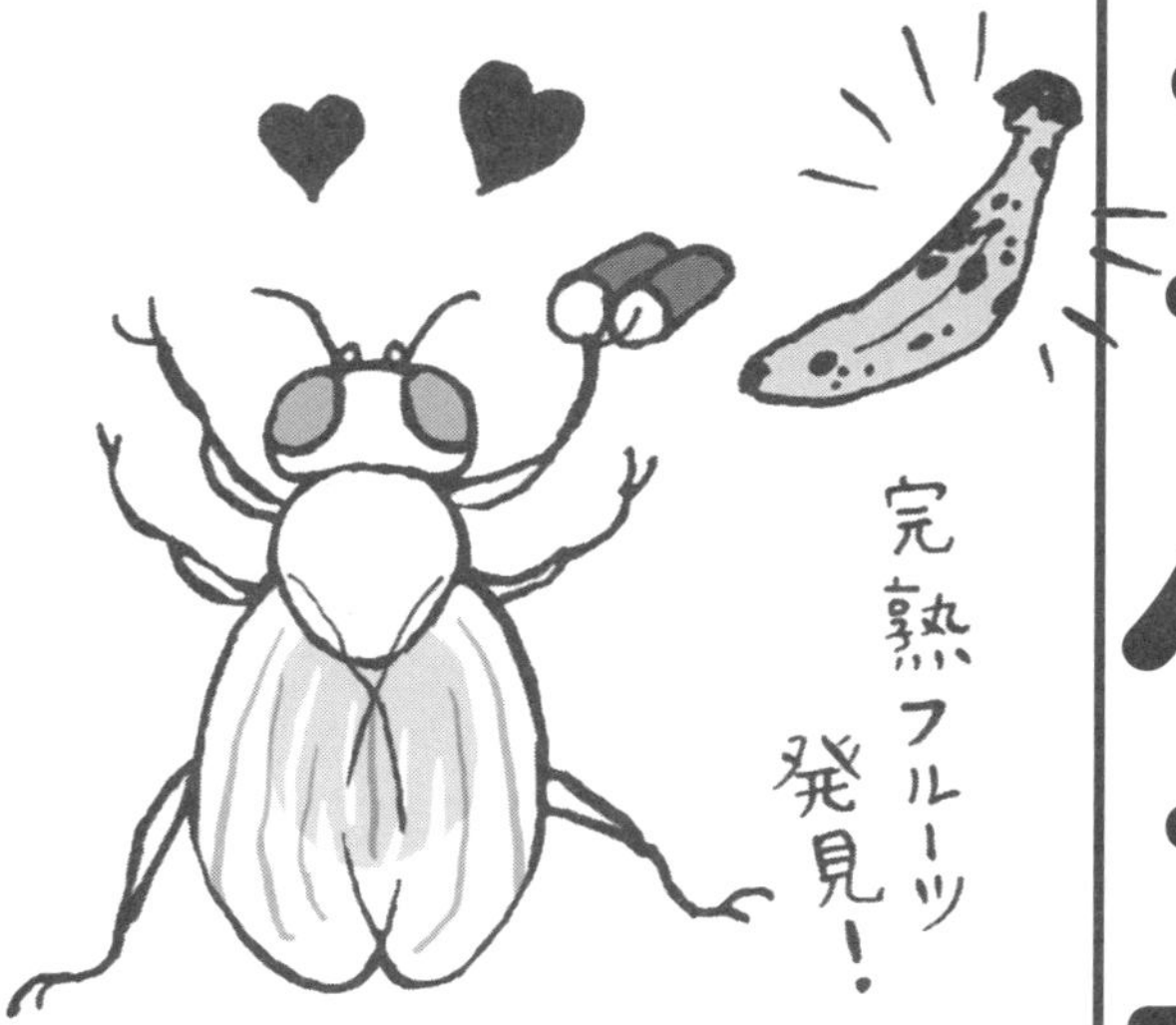

ショウジョウバエ、キノコバエ、ノミバエ、チョウバエなど、小さなハエの総称が「コバエ」。ハエの子どもではないし「コバエ」という名前のハエは存在しません。

種類によって発生場所など生態は異なるので、それぞれに合わせた対策が必要です。見た目に不快で、食品工場や飲食店で食品に混入すると深刻な被害をもたらすことも。

【飼育数】ショウジョウバエ6種、ノミバエ、チョウバエで計8種　総数約3万匹

【代表的な種】キイロショウジョウバエ *Drosophila melanogaster*　【体長】2〜2.5mm前後

【時期】3〜11月　【分布】全国　【飼育の難易度】★（簡単）

熟して腐った果物を好み、欧米では「フルーツフライ（fruit fly）」と呼ばれている。食品にたかることが多く、酒や酢に誘引されるため、ぬか味噌に卵を産みつけることもある。生ゴミで多く発生するものの、糞などの汚物に群がる習性はないため病原菌を媒介することはないと言われている。遺伝子の研究などで重宝される実験動物の一つ。

梅酒のビンで大量飼育

おそらくみなさんが想像しているよりも、ショウジョウバエを飼っている人は、ずっと多いと思います。

大学や研究所などの生物系の研究をしている施設では、実験動物として広く使われています。これは飼育が簡単で1世代が2週間くらいと短く、交配する実験に都合がいいため。また、染色体が少ないことや、世界共通の「標準系統」が存在するので試験をして誤差が少ないことなど、メリットがたくさんあるから。

ちょっとマニアックなところでは、ペットとしてカエルなど小型の両生類やカマキリなどの肉食昆虫を飼っている人が生き餌として、翅が退化して飛べないショウジョウバエを繁殖させていることが多いようです。

多くの研究施設などでは試験管とか、ペットボトルくらいの容器で飼育、繁殖させるのですが、弊社の場合は安定して大量に飼育しなくてはいけないので、梅酒やらっきょう漬けを作るような大きなガラスビンが活躍しています。

飼い方は、まずトウモロコシの粉を水に溶いて鍋でグツグツ。寒天を溶

かしてからビンに入れます。キッチンで料理してる気分です。

固めて培地にしたら、ここに成虫を入れて、止まり木となる厚紙を入れておくと、あとは自分たちでどんどん繁殖してくれるので、手間がかかりません。

イヌ用の牛缶詰がベスト

家の中でこのショウジョウバエが多いのは、食べ物を扱うキッチン付近。観葉植物を置いたリビングには、キノコバエが出てくることがあります。

たぶん観葉植物の土の中に卵があったのでしょう。「コバエ」で一括りにされますが、ちょっと蚊に近い細身の体をした、ショウジョウバエとは別の昆虫です。

土に生える真菌類（キノコやカビの仲間）などをエサにしているため、室内の植木鉢からつぎつぎ現れて「キノコバエ大発生！」になることもあるのですが、飼育するとなると難しい。

ウチでも試験用の需要があるのですが、展示用に飼っているスズムシやクワガタムシの土から、クロバネキノコバエが自然に発生するのでそれを待つ、という方法です。

なんとか飼育方法を確立したいと思っているのですが。

食卓や台所などを歩き回って跳ねるように動いたり、俊敏に飛んだりするコバエはノミバエかもしれません。生ゴミなどに発生し、いろいろな食品、とくに肉などに潜り込んで産卵することがある害虫です。

ノミバエは飼育しています。ショウジョウバエと違って肉食系なので、マウス・ラット用の飼料に水をかけて培地にしていて、増やしたいときにはそこにイヌ用の缶詰の牛肉を入れています。**これは生物研究課のK先輩が発見した方法で「ドーピング?」と思うくらい、すごく増えます。**

ネコ用・イヌ用いろいろな缶詰を試したらしいのですが、どういうわけかイヌ用の牛缶詰がアタリだったんです。ノミバエの飼育方法は確立していなかったので、マウス・ラット用の飼料を使うところから手探りでしたが、ちゃんと繁殖できるまでになりました。キノコバエもきっとうまい方法があるはずです。

お風呂や台所の排水まわり、トイレなどにいることが多く、体の表面に毛が密生しているのはチョウバエです。下水管のヘドロなどを食べて発生します。

飼育室では四角いカップに脱脂綿を入れて、マウス・ラット用の固形飼料と水を入れてちょっと腐らせる感じ。チョウバエは肉を直接食べるわけではないのでレバーなどの肉は入れませんが、しばらくすると腐っていきます。**腐ってたほうが増えるようです。**

幼虫で試験するときは、研究員に自分で採ってもらっていますが大変だと思います。あんな臭い所から幼虫を1匹ずつ取り出して試験していますから。ショウジョウバエを除いて、やはりすごいニオイになるので飼育容器は脱臭器に入れてあります。

1匹でもコバエが飛んでいると気になりますよね。

置くだけでショウジョウバエとノミバエを誘引して退治する弊社製品、「コバエがホイホイ」がおかげさまで大ヒットしています。実は、その前身で「ハエとりポット」という商品がありました。捕れないコバエがときどきいたので、それが何なのか判別する同定作業を、K先輩と一緒に夜遅くまでやっていた時代があったなぁ。

いつしかコバエの1匹くらい、気にならなくなっていました。

もっと知りたい! コバエのこと

◉ショウジョウバエだけでも日本国内に約**260種**、世界中では**2500種**以上もの生息が確認されています。成虫になるまでに約10日、成虫になってから1〜3日で産卵可能(つまり1世代が2週間程度)。1か月程度の生存期間中に**500個**もの卵を産む、驚異的な繁殖力の持ち主ですから、大発生することも不思議ではありません。

◉**ショウジョウ**(**猩猩**)とは、中国の古典に出てくる顔が赤くて**大酒飲みの妖怪**のこと。赤い目を持つものが多いことや、酒に集まることから名付けられました。日本酒やワインなどの醸造酒や、さらに発酵が進んだ酢などが大好きです。

◉京都大学で60年以上、**約1500世代にわたって真っ暗な中で飼い続けた**ショウジョウバエは、**嗅覚が発達した**そうです。人間の1世代を25年とすると、およそ**3万7500年**に匹敵する時間です。世代交代を繰り返すと、変化することが確かめられたのです。

〔14〕

ナメクジ

姿からは想像しにくいのですが、実は陸に住んでいる巻き貝の一種です。ジメジメした湿気の多いところに生息し、昼間は石の下などに潜んでいて、夜間に活動します。おろし金のような多数の歯のある舌を持ち、野菜や庭の植物の葉、コケなどを削り取るようにして食べます。春先に卵から孵化し、4月には体長1㎝くらいだったものが梅雨のころには6㎝程度に成長、被害も目立ってきます。

【飼育数】 チャコウラナメクジ　約300匹

【代表的な種】 チャコウラナメクジ *Lehmannia valentiana*　**【体長】** 50〜70mm

【時期】 春〜秋　**【分布】** 本州、四国、九州

【飼育の難易度】 ★★（エサに秘密が！　本文参照）

多湿な環境を好み、梅雨どきに多く出現。畑や庭の植物を食い荒らすほか、見た目の気持ち悪さで嫌われる不快害虫。名前の由来は背中に殻の名残があることから。広東住血線虫症の原因となる寄生虫や病原菌を媒介することも。

なぜか成長が遅かった

研究所の裏手にナメクジの集まるいい場所があるんです。建物を外へ出てすぐのところの喫煙所なんですが、**床に濡れた新聞紙を敷いて、その下にスライスしたニンジンを置いておくと2〜3日でナメクジが集まってくる。**これを捕まえてきて飼っています。

喫煙所、日当たりが悪くてジメジメした場所で、奥まっているのでナメクジやダンゴムシが集まってくるんです（喫煙者は肩身が狭そうですが、ご時世かも）。以前は研究で必要なときに喫煙所で採ってきていたのですが、冬にはいなくなってしまいます。**「一年中、使いたい」というリクエストを受けて、私が担当になって飼い始めました。**私が入社して2年目のころです。

繁殖させるのが目的ですから、まず卵を産んでほしいのですが、いつ、どんなふうに産卵するのかわかりません。飼育方法が確立されていないので、困っていたら東大卒の研究員でSさんという女性が文献を見せてくれました。

ナメクジの交尾器は頭部の横にあるんです。雌雄同体なんですが、自分の精子で産卵するわけではなくて、ほかの個体と交尾器をくっつけ合って精子を交換することで2匹とも受精して産卵します。「へー、そうなのか」と初めて知ることが多かったですね。**透明な2ミリくらいの卵を1回に20〜60個、何回か産むと親は死んでしまいます。**

20度の恒温器の中で飼ってきたのですが、なぜか成長が遅いんです。7〜8か月ぐらいかかるし卵もなかなか産まない。それだと研究に間に合わないので、繁殖させているとはいえ、採ってきて使うほうが多かったくらいでした。

食性の秘密、解き明かした！

「なんでやろ？」とずっと思ってきたのですが、その秘密はエサでした。畑で野菜を食害するので、植物を食べていることは間違いありません。エサとしてニンジンやキャベツ、ナスビなどを与えていました。とくにナスビは猛烈な勢いで食べたので、柔らかいから好きなんだろうと思っていました。

たまにゴキブリにも与えているマウス・ラット用の固形飼料も使っていましたが、

ナメクジは植物質のものを食べるものだと疑っていませんでしたし、固形飼料はよくカビが生えたので与えたくなかったのもあります。

ところが、担当を引き継いだ後輩が、粉末にした固形飼料を与え始めたところ、めっちゃ成長が速くなったんです。孵化したナメクジが成体になって、生殖できるようになるまでの期間が4か月くらい、半分になりました。体長や体重の増加もめっちゃ速い。ナメクジの成長には動物質のものが必要だったんです。しかも、粉末なので食べきる量を与えられ、カビも生えない。私にはナメクジが粉末のものを食べるという発想がありませんでした。

でも、自然界にいるナメクジは動物質のタンパク質なども食べているようです。おそらく落ちている昆虫の死骸などを食べているのでしょう。ネズミとか動物の糞なども。こちらもタンパク質がしっかり含まれています。

後輩のHくんが中心になってエサを替えて比較する実験を進めていくと、タンパク質を食べておく必要があるらしいことがわかりました。ずっと野菜だけで育ったグループは体重も軽いし卵も産みません。そうか。そうだったのか！　判明したことを日本応用動物昆虫学会でHくんが発表しました！　学会で発表するために、タンパク質を減らしたエサ、食物繊維を減らしたエサなどさまざまなグループで200匹以上を飼うナメクジ観察の日々、体重を測ったりデータを取るのが大変でしたが、私たちしか知らないことなんだと思うと、本当にわくわくしました。

飼育に際しては毎週1回、水曜日にナメクジを洗っています。

ナメクジはカップで飼っているのでそのまま料理用のザルに移し、ボウルに入れた水で洗います（1カップに10～20匹入っています）。水に長くつけておくと溺れてしまうので、ザルとボウルを使うようになったのですが、ステンレスのキッチン道具を使っているので、ほとんど料理する感じ。笑えます。

なぜ洗うのかというと、最初にSさんがくれた資料に「洗う」とあったから。

でも、学会で発表する前、ナメクジの研究をされている大学の先生に相談に行ったとき、毎週洗っていると言ったら大笑いされてしまいました。

私はベタベタした粘液を取るために洗うのだと認識していたのですが、先生は**「聞いたこともない。洗わなくてもいいですよ」**とのこと。えー、洗う理由は何だったのでしょう。資料が行方不明になって見つからない。

でも長年の習慣は変えられず、今もキッチン道具でナメクジを洗っています。

もっと知りたい！ナメクジのこと

●ナメクジはカタツムリの仲間が進化して殻をなくしたもの。**チャコウラナメクジ**が体の中に持っている小さな甲羅はその証拠です。殻をなくした貝の仲間には**「海の宝石」**とも賞賛される**ウミウシ**がいます。嫌われ者のナメクジとはずいぶんな違いですね。

●チャコウラナメクジは本州、四国、九州で普通に見かけるポピュラーなナメクジですが、実はヨーロッパ原産の**外来種**です。1950年代に米軍の物資とともに紛れ込んだと考えられていて、日本在来種のナメクジを駆逐してしまったようです。

●昔、民間療法で「ぜんそくの治療には生きたナメクジを呑むといい」といわれていました。私の大正生まれの祖母もぜんそくがひどかったので、丸呑みしていましたが**「おばあちゃん、ほんまヤメて！」**と思っていました。広東住血線虫がいることもあるので、絶対にダメですよ！

〔15〕貯穀害虫①

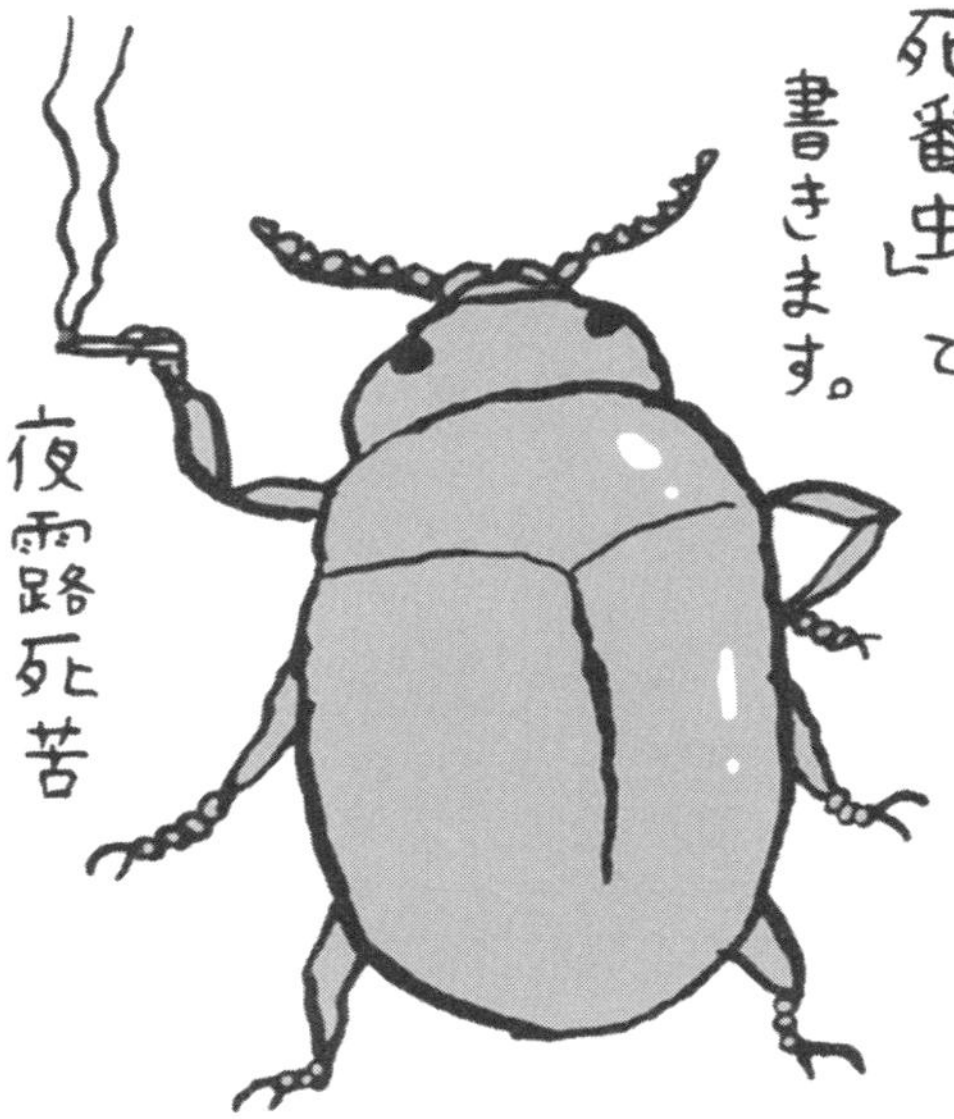

米、麦、トウモロコシなどの穀物、小麦粉など穀粉、そうめん、パスタといった乾麺、さらには豆類などを食い荒らす害虫のこと。何でも食べる「食性の広い」昆虫が多く、乾物や加工した穀類にも発生する。米びつから食品の貯蔵庫まで「虫がわいた」と言われる状態になるのはこうした害虫たちのしわざ。

【飼育数】タバコシバンムシ、コクゾウムシ、ノシメマダラメイガなど8種　総数約500匹

【代表的な種】タバコシバンムシ *Lasioderma serricorne*　**【体長】**2〜3mm

【時期】春〜秋　**【分布】**北海道、本州、四国、九州　**【飼育の難易度】**★（簡単）

赤褐色の小さな甲虫で、背中には細かい毛が生えている。成虫は10〜25日間生存し、その間に交尾して幼虫のエサとなるものに産卵。総産卵数は50〜100個。穀類、穀粉、乾麺から菓子類、肥料用の油粕、漢方薬まで、食性は非常に幅広い。

袋を破って侵入、何でも食べる罪な虫

飼い方のわからなかった害虫が、いろいろ工夫して、うまく繁殖するようになるときってやっぱり面白い。「やった！」という達成感があります。

一方で飼育方法が確立されていて、しかも簡単に増える害虫もいます。これはこれでありがたいのですが、面白さはないですね。

それが穀物や乾物などを食害する「貯穀害虫」です。

たとえばシバンムシは、トウモロコシの粉にビール酵母（粉末）を混ぜてプラスチックのカップに入れ、成虫を何匹か投入しておくとそこで繁殖してくれるのでとても楽。水で練るとか、こまめに交換するとかの必要もありません。

私が入社した当時からずっと変わりなし。エサは違いますが同じ方法でコナナガシンクイ、コクヌストモドキ、ヒラタコクヌストモドキ、アズキゾウムシも飼ってます。

こうした貯穀害虫の中でも食性が広い、つまり何でも食べるのがシバンムシです。

ウチで飼っているのはタバコシバンムシですが、**その名が示す通りタバコの葉にわく虫で、タバコのメーカーさんからもらってきたという記録が残って**

います。でもタバコだけじゃなくて、何でも食べるんですね。ここ、赤穂市の近くには有名な「そうめん」の特産地がありますが、シバンムシはよくそうめんにもわくので困っているそうです。

「わく」といっても、もちろんひとりでに生まれてくるわけではなくて、どこからともなく入ってきます。その瞬間を目撃したことはないのですが、ポリ袋などを咬み破って侵入するそうです。

畳もチョコレートも食べる

タバコシバンムシは、ノシメマダラメイガ（109ページ参照）という小さなガとともに、食品会社で嫌われる2大悪役です。食品メーカーさんや関連業種では、弊社の燻煙剤（業務用）などを使っていただいて、こうした害虫が入らないように細心の注意を払っているそうです。お客様がパッケージを開けたとき、万が一にも出てくると大変ですから。

ところが、お客様の家にたまたまこんな虫がいて、小さな穴をあけて入ってしまうことがあります。1匹でもマズいけれど、中で繁殖していたりするとエライことに。

「工場で虫がわいとるんと違うか!?」

猛烈な苦情がくることもしばしば、という食品業界泣かせの上位にいるのが、このタバコシバンムシなんです。食品どころか畳も普通に食べますし、ドライフラワーにわくこともあります。これは私も体験しました。

自宅で飛んでいるところを発見して、「あ、シバンムシだ」とわかるのは仕事柄ですね。どこ? どこ? と発生源を探すと、もらい物のドライフラワーでした!

しかもその少し後、家でストックしていた**分厚いチョコレートを食べようとして割ったところ、中でタバコシバンムシの幼虫がトンネルを掘って潜んでいました。**幼虫は、乳白色で体長3ミリくらいの小さなイモムシです。

まぁ、間違って食べても病原菌や毒はありませんが……。

私、仕事でシバンムシのことを知っていたから「ドライフラワーで発生した成虫がチョコレートに入り込んで産卵してたんだ」と納得もできたのですが、それでもちょっとびっくりでした。知らない人なら「めっちゃ気持ち悪い」ですよ。

これは苦情もくるだろうなと、メーカーさんに同情しました。

人間の都合通りにはいかない

大量にシバンムシが発生すると、天敵の小さなハチが現れることがあります。シバンムシの幼虫に卵を産みつけて寄生する、シバンムシアリガタバチです。ハチですから人間をチクッと刺すこともあり、二次被害が起こるケースもあります。

セアカゴケグモのエサとして、シバンムシの幼虫を与えている話を先にしましたが、エサやりの最中に、シバンムシの幼虫が何百匹と入ったカップをひっくり返してしまったことがあります。あたりに散らばった幼虫を慌てて回収したのですが、しばらくすると**どこからともなくシバンムシアリガタバチが現れました。飼ってないのに。しかも飼育室の中なのに。**

それから1年くらい経ったころ、研究員から「アリガタバチが欲しい」ってリクエストがあったので、あの手を使ったら捕まえられるかも、と故意に幼虫を放置してみたのですが、シバンムシアリガタバチは来ませんでしたね。

「建物の中だからかも。外だったら来るかもしれん」と思って、外に置いていても来ませんでした。なかなか都合よくはいきません。

もっと知りたい！ 貯穀害虫のこと

◉**シバンムシ**を漢字で書くと**「死番虫」**、ずいぶん気味の悪い名前です。これはシバンムシがたくさんいるとコチコチと時計のような音がするため。ヨーロッパではこの音が「死神が持つ時計の秒針の音」とされているらしく、英名の**death-watch beetle**を直訳したものだそうです。

◉米びつの中で見つかる小さな甲虫、**コクゾウムシ**、**ココクゾウムシ**、**コナナガシンクイ**は、飼育容器の中に玄米を敷き詰め、成虫を入れておくと自然に繁殖してくれます。最初、白米の中にわいているイメージがあったので、白米で飼ったらまったく増えません。玄米にしたところ、どんどん増えてくれました。

◉体長３mm前後の小さな甲虫コクゾウムシは、口の部分が象のように長いため、この名がついています。先端が口なので、お米など穀物に穴をあけて卵を産みます。孵化すると幼虫は、そのまま穀物を食べながらずっと過ごしてサナギになり、成虫になって出てきます。幼虫は歩く必要がないので、脚が退化してなくなって、**ころんとした姿**です。

〔16〕

貯穀害虫②

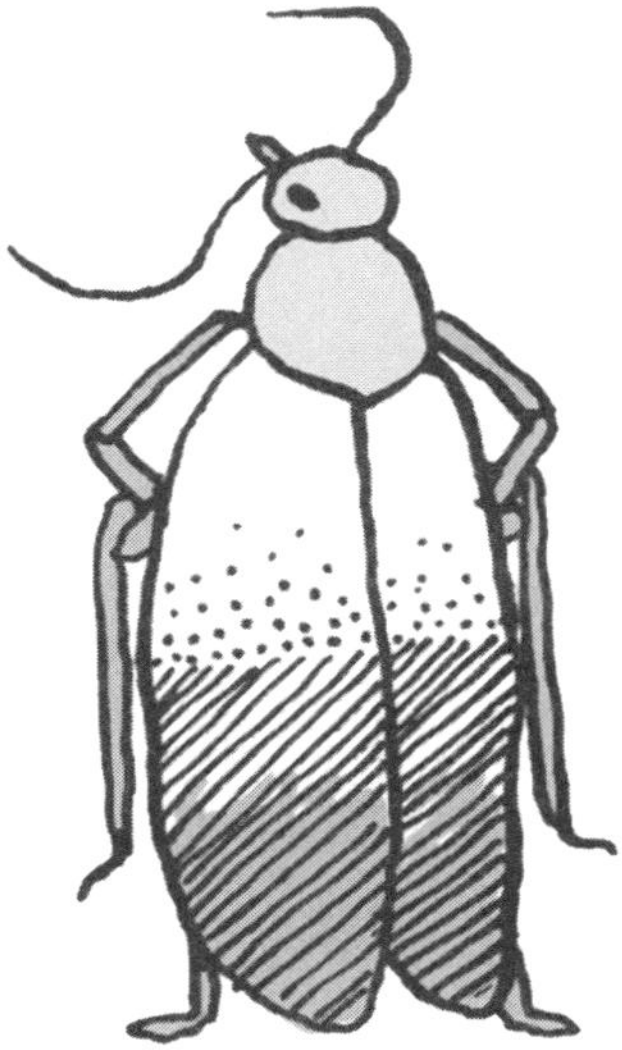

貯穀害虫には、シバンムシやコクゾウムシといった甲虫のほかガもいます。食品に害を与えるのはメイガの仲間ですが、お米や乾物、加工食品を食害する種のほか、畑の野菜などを食べる種もたくさんいて農業害虫としても知られています。

幼虫は穿孔能力が非常に高く、食品庫などではプラスチックフィルムで包装されたパッケージも平気で食い破ります。

【代表的な種】ノシメマダラメイガ *Plodia interpunctella*　【体長】7〜8mm

【時期】一年中　【分布】北海道、本州、四国、九州

【飼育の難易度】★★（思ったようには増えない）

淡黄色と赤褐色のツートンカラーで、灰色の縞模様のある小さなガ。幼虫は玄米や白米のほか菓子類、インスタント食品などの袋を食い破り中に入って食害する。また糸を吐いて薄い絹糸を張ったような膜で覆われた巣を作る。全世界に分布している。

ハマったときだけ爆増する

ときどき米びつの中で発生する、ノシメマダラメイガという小さなガがいます。幼虫は小さなクリーム色のイモムシです。お米の中でも栄養のある胚芽の部分を食べて育ち、胚乳（大部分を占めるデンプン質の部分）は食べません。サナギになる直前の終齢幼虫で体長は約12ミリ、直径が約2ミリくらい。食べくずを材料に糸を吐いて繭を作りサナギになる、高温多湿の時期によく発生する害虫です。

たいていの貯穀害虫は、プラスチックカップにエサを入れて成虫を投入しておけば、そこで繁殖してくれるような手間のかからない虫たちなのに、このノシメマダラメイガは大変です。バットの中にスーパーで売っている「いりぬか」を入れ、その中に0・4ミリほどの小さな卵を入れるのですが、その手順がまずやや こしい。

卵を集めるには、まず糠の中から成虫が出てきたらエーテルで麻酔をかけて、成虫だけをシャーレに入れます。一晩置いておくと卵を産んでいるので、ふるいにかけて卵だけ取り出すのです。1回につき30〜40分くらいで、これを週に3回。

カップで飼育しているほかの貯穀害虫と違って、ノシメマダラメイガはふた付きのバットで特別扱い。なぜかカップだとうまく飼育できなかったためです。糠の中から成虫が出てきたとき、静電気で翅がくっついて採取しにくくなる問題もありましたし。

成虫は何も食べず、1週間くらいで産卵を終えると寿命となります。食害するのは幼虫だけなので、試験で使うのも主に幼虫です。そのためには糠の中から取り出さなくてはいけませんが、これが大変なんです。必要なだけ研究員が取り出していくんですが、**小さい上に、色が糠とよく似ているので、1匹取り出すのも時間がかかります。**

「ふるいをかければいいんじゃないの?」と思われるでしょうが、幼虫は糸を吐くので糠も一緒に残ってしまいます。1匹ずつ探し出すほうが、結局早い。

週に3回、産卵させているのは、あまり増えないから。このペースで幼虫を育てないと、必要とされる数を揃えられません。コクゾウムシみたいにお米1粒に1匹のペースで増えてくれるといいのですが。

ノシメマダラメイガも温湿度の影響を受けやすくて、調子が悪いと卵の数が減ります。またサナギから出てくる成虫も少なくなります。だから冬場は、メッシュのふたにナイロンで覆いをかけて湿度を上げてやるなどの細かなケアが必要です。

そもそも温度と明るさの条件次第で、幼虫のまま休眠してサナギにならなかったり、休眠から覚めたり。食品の倉庫や家庭の米びつなどでは、そうやって冬越しして春に成虫になっている様子。飼育室は温湿度も一定、照明時間も一定（のはず）なのに、成長も産卵もけっこうばらつきが出るのが不思議です。

ノシメマダラメイガは「条件が整わないときはほどほどで、ハマったときだけすごく調子に乗る」タイプ。一般的に害虫は、ハマったときだけ爆発的に増えるタイプが多く、放っておいても増えるほうが少数派なんですけどね。

幼虫は100メートルくらい平気で歩く

ノシメマダラメイガは、お米や小麦粉などの穀類、豆類、チョコレート、ドライフルーツやそれらの加工食品など、幅広く食い荒らします。「増えにくい」というのは、飼育室で思うように増えないというだけで、**人間の思惑なんか気にせず、増えるときには増えるし、食べられるものがあれば何でも食べます。**

困ったことに、幼虫がそれまでいた場所から離れてサナギになる傾向があります。サナギになる適当な隙間を探して移動するので、食品に限らずさまざまな製品に侵入します。しかも、ポリ袋や包装容器を食い破って侵入できるほどかじる力が強いので、思わぬ場所に入り込んでトラブルの原因になります。

以前、ノシメマダラメイガが発生していた場所からずいぶん離れたところに保管されていた製品に「サナギが混入していた」という苦情があり、幼虫がどのくらい移動するのか調べたことがあります。幼虫が歩いてきて保管場所に侵入したのでなければ、出荷時に最初から混入していたことになってしまう。どのくらい移動できるのかが問題でした。

データを探していたら、幼虫がどのくらいの距離を、どのくらいの時間で歩くかといった研究論文＊が見つかりました。それによると「25～26℃で24～36時間以上歩行でき、19～20℃での歩行速度から、最初の24時間で紙の上なら２２１m以上（中略）の歩行能力と推定」とのこと。結局、製品の保管場所まで、わざわざ移動してきて侵入したことがわかったのですが、１センチそこその小さな幼虫（イモムシ）がそんなに歩くのか！　と驚きますよね。

＊辻英明『ノシメマダラメイガ老熟幼虫の歩行速度，時間，および蛹化位置』ペストロジー学会誌 11(1):29-35(1996)

もっと知りたい！ 貯穀害虫のこと

◉「有吉さん、これいる？」と知り合いのイタリアン・レストランのマスターから聞かれ、もらってきたのが**ノコギリヒラタムシ**です。彼がイタリアから持ち帰ったパスタにわいたのだそうです。それが4〜5年前のこと。文献には「食性はきわめて広い」とあるのですが、なぜか**イタリア製のパスタ**しか食べません。偏食の貯穀害虫もいる？　ときどきそのレストランに行って、パスタをもらってきて与えています。

◉**コナナガシンクイ**という細長い円筒型で、体長2〜3mmの甲虫がいます。家庭では主にお米にわく害虫で、穀類のほか豆類や乾麺、球根なども食べるようです。5年ほど前に研究員がもらってきて一度試験に使っただけで、その後まったく使われず……。でも飼育が簡単なのでそのまま飼い続けています。手間のかからない貯穀害虫らしい経歴です。

◉20年以上累代飼育している**アズキゾウムシ**は、アズキやササゲの表面に産卵し、幼虫が潜り込んで食害する害虫です。記録には「赤穂市で採集」とあり、出所は**K先輩宅**です。自宅のアズキに発生していたものを、「おったから持ってきた」というノリでそのまま袋ごと届けられました。K先輩は異動してしまいましたが、アズキゾウムシはずっと飼育室で代を重ねています。

【コラム5】害虫飼育に向いている人って？

30種ほどだった害虫は、今では約100種にまで増えました。

若い人がなかなか配属されなかったこともあって、数年前まで何十種類という害虫の飼育を担当していました。私、自慢じゃないですけど、すごく作業が速いんです。

もともと器用だったこともあって手作業が苦ではありません。それに加えて、要領のよさもあるのでしょう。手を抜くのではないけれども、減らすところは減らす。

飼育の仕事は、サンプル管などの小さなビンのふたを開けて、1匹ずつ害虫を出し入れしてまたふたを閉めるとか、細かい作業が多いんです。さらにそれが何百本もあったりするので根気もいります。嫌々やっていると本当につらくなりそうです。

単調な作業を黙々と続けるとき、私はささやかな面白さを発見していました。

たとえば昔はよく、チャバネゴキブリなどをオス・メスで分ける作業がありました。メスのほうが体重が重くて薬剤に強いため、試験用の需要が高いのです。

「今日、メス100匹ください」「薬剤抵抗性のメス100匹がいります」などと注文が入るので、1匹ずつピンセットで分けるんです。多いときだと500匹くらい。

これはかなり時間がかかります。作業としてこなすだけでは面白くないから、毎回、どのくらいの時間でできるか計りながら分けていました。

「100匹、よし10分でできるな」

「前回より7秒短縮できた。新記録！」

などと、ひそかな楽しみ方を見いだしていたわけです。めちゃくちゃマニアックな〝1人だけの競技大会〟ですね。

みなさんもご存じの通り、ゴキブリは俊足です。人間の身長に換算すると、時速300キロにも達するほど。しかも瞬間的にスタートダッシュするので、慣れないと大変です。新しく入った人たちは下手なんですが、みんな慣れてくると捕まえられるようになりますよ。

ずっとゴキブリを注視していると、走るゴキブリの残像が脳裏に焼きつくのか、よく夢を見ました。でもなぜか、夢の中で走り回っているのはマダガスカルオオゴキブリ。生物研究課でも展示用のペットとして飼っている世界最大級のゴキブリです。「何でマダガスカルが出てくるんやろう」と不思議でしたね。夢占いだったら何を示していることになるのか、ちょっと不安です。

飼育だけじゃなくて、体長や体重を測ったり、薬剤の感受性を調べたりも以前は定期的にしていました。チャバネゴキブリやハエはもちろん、蚊も裸眼で大丈夫だったんですが、だんだんつらくなってきたのは一応秘密。

ということで、害虫飼育員の適性としては、器用なほうがいいとは思います。でも仕事をしているうちに慣れてくるから、手先の器用さがないとダメということではありません。

K先輩は「自分は器用じゃない。プラモデル作れないから」と言っています。どういう人が向いているか、必要とされる技術は何だろうって聞いたら、「虫を嫌がらないことと、あとは責任感」だそうです。同感!

【コラム6】虫を育てるよりも難しい仕事

責任感の話の続きです。

商品開発のための試験は、そのスケジュールが決まっています。「再来年、初夏に新しい虫ケア用品を出そう」と決まったら、それまでにデータを取って厚生労働省に申請しなくてはいけません。試験や実験で使う害虫が依頼されるので、これに応えていくのが私たちの仕事です。そのためにお給料をもらって、飼育しているのですから。

累代飼育をして増やしていますが、試験で要求される数がかなり多いときもあって、そんなときに対応できるかどうかも重要です。商品開発のスケジュールに影響を与えかねないので「今、いません」とは言えません。そうならないためには、やはりまず毎日のルーチンをきちんと行う、ということに尽きます。

だから責任感。どんな仕事でも、そこは変わりませんよね。採集が必要な害虫なら、採りに行かないといけない。数が揃うまで帰れない、となるわけです。

昆虫供給依頼書という「この害虫がこれだけ必要」と記した伝票を元に、私たちは供給していますが、けっこうギリギリのタイミングで来ることが多い（笑）。

たとえば蚊だと「3週間以上前に言ってくれないと、そんな大量に作れへんで」となるのだけれど、伝票が来るのが1週間前とか。研究員には研究員の事情があるのはわかるけど、「もうちょっと早く言おうよ」と言いたくなることがないわけではないので、よろしくお願いしますよ。と、つい業務連絡してしまいました。

それを見越して、過去の事例や雰囲気（？）も考えつつ、そのくらいの数になるように飼育しているわけです。ゴキブリだと成虫になるまで4～8か月かかりますから。

いろいろな害虫を飼い始めたころは試行錯誤もあ

ったけれども、今ではマニュアルもできてルーチン化されているので、後進を育てる仕事が多くなっています。そうなって、しみじみ思います——虫を育てるより、人を育てるほうが難しい。

あ、なんだか急にベテラン上司みたいなこと言いました？　危ない、危ない。あまり立派なことを言うと老け込む気がするので気をつけよう。

〔17〕

ダンゴムシ

昆虫類ではなく、甲殻類の生物なので、エビやカニの仲間です。夜行性で、昼間は朽ち木、枯葉の下、石垣の間、石の下などに潜んでいます。ダンゴムシの名前の由来は体が球状になり、全体的につややかで団子を思わせるところから。よく似ていますが球状にならないのがワラジムシです。灰色がかっていてあまり光沢がないところも違っています。

人に対して害を加えることはありませんが、植物の葉や花を食害することがあります。

【飼育数】オカダンゴムシ、ワラジムシの２種　総数約200匹

【代表的な種】オカダンゴムシ *Armadillidium vulgare*　**【体長】**15mm

【時期】春～秋　**【分布】**本州、四国、九州　**【飼育の難易度】**★（簡単）

本州以南の庭や公園では、ごく一般的な種で、灰色～暗灰色で半円筒形の体をしている。ユーラシア大陸原産で、明治時代に日本に入ってきた外来種。気温20～25度でよく活動する。１回に40～80個産卵し、幼虫はメスの保育嚢の中で孵化してから出てくる。脱皮を繰り返して成長する。

子どもたちのほうが詳しいダンゴムシ

ダンゴムシは、子どもたちの人気者です。小さな子どもでも捕まえることができて、つまもうとするとまん丸になり、じっと見ていると元の形になって動き出します。いやな臭いも毒もないし、**好奇心いっぱいの子どもの目で見ると「面白い生きもの」**なんですね。なぜか大人になると、〝虫〟に触れなくなる人が多いのですが……（私もこの仕事に就くまでは「虫、触れない系」でした）。

自由研究の対象としてもモテモテで、ダンゴムシを調べる子がたくさんいますよね。「たくさんの脚を使ってどう歩いているか」や「壁にぶつかったときにどう動くか」から「好きな食べ物は何か」まで、子どもたちはいろいろなことを調べています。たぶん私たちよりも詳しいと思います。実際、**「煮干しを食べさせたら卵を産んだ」という自由研究を見て、私たちも煮干しを与えるようになったんです。**

私たちが飼っているダンゴムシは、研究所の近くで採集したもの。プラスチックのカップにエサとなるサナギ粉を入れたトラップを、落ち葉が重なっているような場所に仕掛けます。地面すれすれに埋めておくと、エサのにおいに惹かれて入ってきたダンゴムシやワラジムシは、つるつるしたカップを上れないので簡単に捕まえられます。

病原菌などは媒介しない

飼うこと自体は簡単です。

土と落ち葉を入れた大きめのシール容器（週刊誌を開いたくらいのサイズ）で飼っています。ふたの一部を切り取ってメッシュを張って通気性を確保。乾燥させないよう、注意していますが、たぶん小学生の飼育スタイルと、容器のサイズを除けば、あまり変わらないんじゃないかと思います。

エサはウサギ用の固形飼料、ジャガイモ、煮干しなど。ダンゴムシもワラジムシも同じです。カビが生えることがあるので、浅いプラ容器に入れてあります。カビが生えたら容器ごと取り出すことができるので、特別なことは何もしていません。

ただ繁殖させるとなると、ワラジムシは簡単ですがダンゴムシはあまり卵を産んでくれなかったりするので案外難しい。外から採集してきたとき、ダンゴムシとワラジムシの両方が入っていると、ワラジムシの勢力が強くなっていくので、分けて飼っています。どちらもメスのお腹にある「保育嚢」から、孵化して生まれてきます。文献によると、保育嚢から出てきた後も母体に付着して生活し、ワラジムシは約90日で成虫になりますが、ダンゴムシは成長の早い個体で160日前後だそうです。

そんな繁殖のスピードも考えて、いつも一定数がいるように飼っています。数えたことはないのですが、**一つの飼育容器に、多いときは数百匹はいるでしょうね。**ダンゴムシとワラジムシ、どちらも保育嚢から出てきたときには、成虫とほとんど同じ姿（ただし白っぽい色）をしています。小さな子どものころは脚は6対で12本、脱皮して成長してくると7対、14本になるのも共通しています。

脱皮を繰り返して成長するのですが、最初に〝下半身〟、後から〝上半身〟と2回に分けて脱いでいきます。文献によると2回の脱皮には数時間から数日の間隔があるようです。また、抜け殻は貴重な栄養源なのですぐに自分で食べますが、周囲にいるほかの個体に食べられてしまうこともあるらしい。

ずっと観察しているわけではないので、たぶんこうした生態は子どもたちのほうが、よく知っているんじゃないかなぁ、と思います。

私の観察では、ダンゴムシは歩くのがあまり速くないのに対してワラジムシは速い。試験用に取り出そうとすると捕まえにくいんです。これは観察というより実感ですね。

古い住宅ではお風呂場などジメジメした場所に出てくることがあり、気持ち悪いと思う人も多く、不快害虫として駆除されるのですが、どちらも自然界では、枯葉や昆虫の死骸などを食べて土に返す「分解者」の役割をしています。

彼らがどんどん食べて糞にすると、微生物がさらに分解して有機物を無機物にしてくれる。無機物になると植物が栄養として取り込んで成長し、昆虫や鳥などの動物へと食物連鎖する、という生態系の一員なんです。

病原菌などは媒介しないので、人に不快感を与えるだけで健康への害はありません。**雑菌はついていますが、触った手を洗えば問題ありません。**

ダンゴムシ、ワラジムシとも乾燥を嫌うため、乾いた状態を保っているといなくなるはずなので、ことに屋外なら駆除するのは、その後でもいいんじゃないかなと思います（いいのかな。「虫ケア用品」メーカーの私がこんなこと書いて）。

もっと知りたい！ダンゴムシのこと

●ダンゴムシやワラジムシは、交替性転向反応という現象が知られています。たとえば、T字路がいくつも連続するコースでは、最初に右に曲がったら、次は左、その次は右と進む方向を変えながら歩いていく、ということ。「左右の脚の負担を均等にする」「天敵などから逃げるとき有効」などといわれていますが、まだ定説はないらしく、**夏休みの自由研究**でも人気のテーマになっているようです。

●外来種の**オカダンゴムシ**が圧倒的に幅をきかせていますが、**コシビロダンゴムシ、ハマダンゴムシ**という在来種もいます。コシビロダンゴムシは自然豊かな山の中に、ハマダンゴムシは名前の通り海岸の砂浜に住んでいます。産卵数が少なく乾燥に弱いなど、オカダンゴムシよりずっと**デリケート**なんです。

●北海道ではダンゴムシは道南の一部に見られるのみで、一般的なのはワラジムシです。屋外が寒いため床下に侵入して、お風呂場などの水回りに現れることが多かったからでしょうか。さらに最近は、高断熱・高気密化が進んで床下が多湿になったこともあり、ワラジムシはますます不快害虫としての**〝不動の地位〟**を固めてしまったようです。東北・北海道では「ワラジ虫コロリ」という地域限定の商品を出しています。

〔18〕

ノミ

世界中に約2000種類が生息するといわれ、ペストを媒介する衛生害虫として知られています。多くの恒温動物に寄生するポピュラーな害虫で、ハエの仲間から進化したと考えられており、もっとも新しく登場した〝進化の最先端〟にいる昆虫といわれています。

翅を失ったかわりに、強力なジャンプ力を獲得、体温や二酸化炭素を感じて宿主を見つけると、持ち前のジャンプ力で飛びついて吸血します。

【飼育数】ネコノミ　成虫は約5000匹（卵〜サナギはその数倍）

【代表的な種】ネコノミ *Ctenocephalides felis*　**【体長】**1.5〜3.5mm

【時期】真冬を除いて一年中　**【分布】**北海道、本州、四国、九州

【飼育の難易度】★★★（刺されるのはイヤ！）

褐色の左右に扁平な体を持ち、成虫は体長の200倍、30cmくらいジャンプできる。ネコだけでなく人やイヌからも血を吸う。体表に産みつけられた卵は落下して、ペットの敷布やカーペットの下、ソファの隙間などに隠れ、フケや成虫の糞などの有機物を食べて成長。

ノミの家は〝高級レジデンス〟

ノミを累代飼育するための、特注の専用ケースがあります。透明なアクリル製で、高さが60センチくらい。タワーのような細長い形をしていて、メッシュの床の下は引き出しになっている構造です。小さなノミが脱走しないよう、開閉できる部分は精密にできています。**1台5万円以上して、害虫の飼育容器としては破格の〝高級レジデンス〟です。**

私が入社する前からあるもので、20年以上使って古びてきたため、一度新調してもらったことがありました。「えらい安いな」と思っていたら、作りが悪すぎて、ノミが逃げて大騒ぎ。**「安物買いの銭失い」とはこのことか、と思い知らされた事件もありました。**

このケースで、以前はイヌノミも飼育していましたが、今はネコノミだけです。名前からするとネコにしかつかないように思われがちですが、イヌからも人からも吸血するこだわりのないノミです。イヌノミよりも活動的で移動性に富むらしく、今、ノミの世界で、日本の主流というとネコノミです。

昭和30年代くらいまでは、日本でもヒトノミが普通にいたようです。でも今では絶滅したのではないかといわれています。衛生環境がよくなって、一時期はノミを見ることも少なくなっていたのですが、ペットブームによってまた復活しています。

成虫は跳ねるので扱いが難しい

先ほどの専用の飼育ケースは、成虫を産卵させるときに使います。

ノミは卵、幼虫、サナギ、成虫という4段階で生育する完全変態の昆虫で、幼虫の姿はウジ状です。それに対応して、卵と幼虫、サナギと成虫、成虫の産卵用という3つの容器を使って飼育しています。

専用の飼育ケースは、成虫が卵を産むとメッシュの床から下の引き出しに落ちるよう設計されているので、引き出しから筆を使って取り出します。いろいろ試しましたが、習字用の筆が柔らかくて使いやすいですね。

ノミの成虫は赤い糞をします。それが血糞と呼ばれる未消化の排泄物で、自然界の幼虫は血糞やゴミの中の有機物を食べて成育しています。飼育に際しては、成虫の血糞のほか、牛乾燥血液、ビール酵母、マウス・ラット用の粉末飼料を混ぜたものを培地にしています。この中に卵を入れるのです。

飼育室の環境では、卵は約2日で孵化し、幼虫は6日でサナギになるので、ふるいを使って採取して別の容器に移します。サナギが成虫になるまでは7〜10日。

サナギは三角フラスコの中に300匹ぐらい入っているのですが、**つぎつぎに成虫になってぴょんぴょん跳ねる様子は、コップの中でソーダ水の泡がはじけているようです。**

成虫は跳ねるので、いちばん扱いが難しい。ピンセットなどではとても捕まえられません。そのため吸虫管という道具を使って1匹ずつ採取しています。吸引ポンプを使って、途中にあるガラス管の部分でキャッチする仕組み。

試験に供給するときは、10匹単位でサンプル管に入れていきます。究極の手作業、という感じですね。成虫の産卵のため専用の飼育容器に入れるときは、ざっくり100匹ぐらいでしょうか。

ノミの体は、動物のふさふさした毛の中を動き回るのに適応した左右に扁平な形です。なので、平坦な場所では横倒しになってしまってジャンプできません。

三角フラスコにノミだけ入れると底面がツルツルなので立ちあがれません。三角フラスコの中でぴょんぴょん跳ねるのは持ちあげたりして動かすからでした。展示用のケースでは底に紙を敷いています。紙からはみ出した場所では、倒れたままで移動もできず、そのまま死んでいるノミもいるくらい。

たまに飼育中に脱走するノミもいます。そのままにしておくと、膝下あたりを刺されてかゆい思いをするハメになります。ノミに刺されると激しいかゆみが、かなり長い間続きます。

自己責任とはいっても刺されるのはイヤだし、誰かを刺すと「有吉さん、雑《ざっ》い」「有吉さんが作業した後は、よく刺される」などと言われることになるので、床に這いつくばって探します。**たいてい床で横倒しになっているので、鉛筆のおしりなどでプチッと潰します。**扁平な体なので指では潰せませんから。

一度、逃げたノミが、どういうわけか私の頭にジャンプしたことがあります。髪の毛の間に入ったら最悪です。気がつかずに家に持って帰るのも絶対に避けたい。「嘘やん!」と一瞬、蒼白になったのですが、ガーッと頭をかいたらぴょんと跳んで出てきました。ああ、よかった。「雑い」という自覚はあるので気をつけてます。

もっと知りたい！ ノミのこと

◉**ペスト**を媒介するのは**ケオプスネズミノミ**。ほとんどのネズミはなんらかのノミを持っていて、ケオプスネズミノミも多くはありませんが日本国内にもいます。現在、日本ペスト菌は存在していないので、ペストが流行する危険はないのですが、人の移動が活発化している今、侵入してこないとも限りません。ネズミとノミの駆除は、やはりおろそかにはできません。

◉ノミの卵は表面がツルツルしています。ネコやイヌに寄生したノミが産んだ卵は、毛の中にとどまらず落下して、畳やカーペットの隙間などで孵化し、幼虫とサナギの期間はペットの体表以外で生活しています。ペットのノミを駆除するのと並行して、床やペットの寝床を**こまめに掃除**することが**ノミ退治**のコツです。

◉夫よりも妻のほうが背の高い夫婦のことを**「ノミの夫婦」**と言うことがあります。たしかにノミのメスはオスよりも大きな体をしています。でも、多くの昆虫はオスよりもメスのほうが大きいのに、なぜノミが代表例になったのでしょう？　もしかしたら、昔は、そのくらいノミが身近にいたからなのかもしれません。

〔19〕

衣類害虫

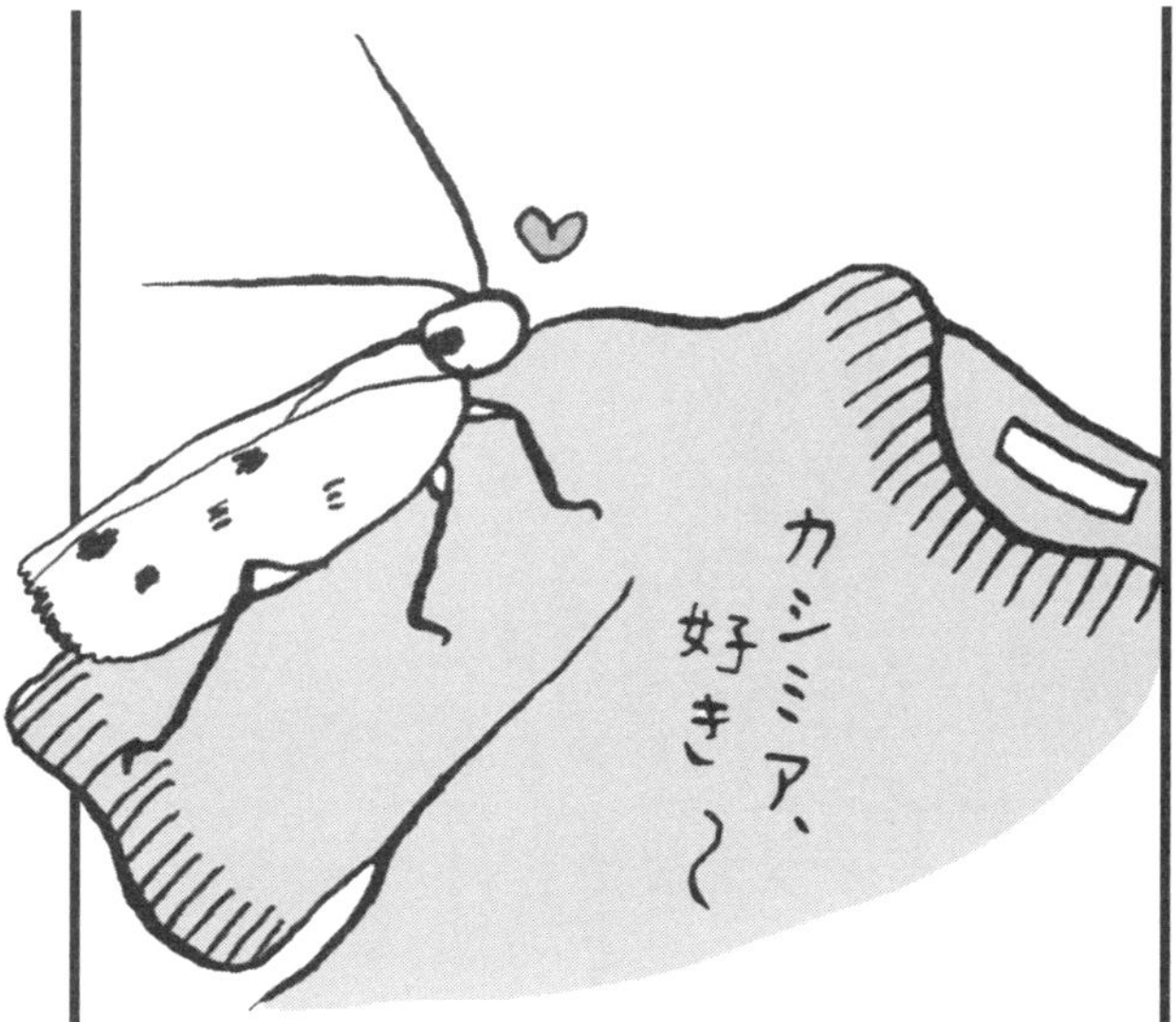

「気に入っていた服を虫に食われた」というときの犯人、衣類害虫は「イガ類」と「カツオブシムシ類」の2つに大別されます。ウールや絹、木綿といった天然繊維だけでなく、ときには化学繊維の服までも食害します。毛皮や毛筆、動物標本、カツオ節などもかじる害虫です。

成虫は飛べるので、窓から侵入したり、洗濯物にくっついて侵入する可能性があり、マンションの上層階でも発生しますから油断は禁物です。

【飼育数】イガ、ヒメカツオブシムシなど4種　総数2万5000匹

【代表的な種】イガ *Tinea translucens*　【体長】4〜7mm

【時期】4〜11月　【分布】全国　【飼育の難易度】★（サナギになるとき注意）

灰褐色〜銀灰色でうっすらと黒い模様のある小さなガ。翅をたたんだ状態でよく歩く。幼虫は乳白色でウール製品や絹製品、敷物など動物質の繊維を食べ、体長6〜7mmまで成長する。また幼虫はかじった繊維で筒状の巣を作り、その中で生活している。

「お気に入りの服」に穴をあけるやつら

イガは虫ケア用品の試験によく使っているので、大量に飼っています。カツオ節粉の中にビール酵母の粉末を入れたエサが培地。ここでもまた、ビール酵母です。一回、「何か変やなあ」「調子悪いなあ」ということがあって、チェックしていくと、いつもと同じカツオ節のはずがサバ節やアジ節入りでした。**ホンモノのカツオ節の粉じゃないとうまくいかなかったんです。**サバとアジが入っていると安いのですが、100%のカツオ節粉は高い。イガは贅沢な虫です。

衣類でもウールと化繊があれば間違いなくウールに卵を産みます。動物質を選ぶだけなら「そうだろうな」と思いますが、動物質のものならなんでもいいのかと思ったら、かなり高度な選別能力を持っています。**普通のウールとカシミアだとカシミアにつきやすい。**高級品ほど柔らかいので、食べやすいのかもしれません。

衣類を食べているのは幼虫です。化繊でも、食べこぼしや汗染みなどがあると、そこに栄養源があるためかじることがあります。ウールや絹といった動物質のものがなければ、木綿や化繊もかじりますが、成長できなくて飼育室では途中で死んでしまいます。

イガの幼虫は小さなイモムシ。繊維を咬み切り、それを材料にした筒状の巣を糸を吐いて作ります。食べた繊維と同じ色の巣を作り、同じ色の糞をするので、一見すると毛玉のよう。幼虫はずっと巣の中に身を隠していて、動くときは体を半分乗り出してヤドカリのように巣と一緒に移動します。

両端に穴が開いた筒状の巣なので、どちらからも出られます。面白いのは、さっき頭を出していた向きとは反対側から、また頭を出すこと。細くて狭そうなトンネルの中で、どうやって向きを変えているんでしょう？

イガの仲間のコイガの幼虫もイガによく似ていますが巣は固定式。また、イガは動物質のものだけを食べますが、コイガは動物質に加えて植物質のものも食べます。ただ、飼育のエサはどちらも同じ、カツオ節とビール酵母の培地で飼っています。

飼育容器はイガはガラスシャーレ、コイガはプラスチックのカップです。

イガはサナギになるとき、シャーレの壁や天井付近でぶら下がるような形になり羽化するのですが、プラスチックではうまくぶら下がれないようです。プラスチックのカップなら使い捨てで便利なのに、**ガラス製のシャーレのほうが高級感もあっ**

てイガの好みなんでしょうね。

コイガは培地の中でサナギになるのでプラスチックのカップで十分なんです。とはいえイガも、培地の中にいる幼虫時代は、ガラスでもプラスチックでも平気です。試験で使うのはほとんど幼虫ですから、試験用にはプラスチックのカップ、累代飼育用にはガラスシャーレと使い分けています。

幼虫の期間が長い〜

小さなコガネムシのような、カツオブシムシ類も衣類の大敵です。カツオ節にもわくのでこの名前がついたのでしょう。実は、成虫は花粉や花の蜜を吸います。本来、幼虫は野鳥の巣にいて、抜け落ちた羽毛を食べていたようですが、人間が家の中にウールやカツオ節を持ち込むようになって、屋内にわくようになりました。

ウチで飼っているのはヒメカツオブシムシとヒメマルカツオブシムシ。名前がよく似ているのでややしこしいですね。**私たちは「ヒメカツオ」と「ヒメマル」と呼んでいます。**

ヒメカツオはイガ類と同じ、カツオ節とビール酵母の培地、ヒメマルはなかなかうまくいかなかったけれども、カツオ節を煮干しに替えてからなんとか増やせるようになりました。

カツオブシムシ類の特徴は、幼虫の期間が長いこと。ヒメカツオは通常、幼虫で300日あまり過ごします。7〜9回脱皮して年を越え、翌年春にサナギになると10〜20日後に羽化して成虫になります。ヒメマルも幼虫で8〜10か月を過ごし、春〜初夏にかけてサナギから成虫になります。

1年で1世代ですからなかなか増えません。それでもヒメカツオは、オーダーがあればいつでも出せる状態になっています。一方のヒメマルはエサを煮干しに替えてから、かろうじて累代飼育ができるレベルです。

実はゴキブリも成長に時間がかかる、サイクルの長い昆虫です。でも、飼育のシステムが完成しているため、大量に供給ができるようになっています。ヒメマルはゴキブリほど需要がないのが事実ですからね。**「増やせないのではなくて、私たちがまだ本気を出していないだけ」**なんて、言い訳してみたりして……。

もっと知りたい! 衣類害虫のこと

●衣類害虫の区別は無地か柄物か、です。イガの成虫は灰色系でうっすらと黒い模様があり、コイガは全体が淡橙色で無地。**ヒメカツオブシムシ**は成虫の体長が4mmほどで全体が黒～黒褐色の無地、**ヒメマルカツオブシムシ**は体長2.5mmほどで、黒、茶、黄色、白などの**モザイク模様**です。

●ヒメマルは、羽化しても1～2週間はサナギの殻の中にいてじっとしています。殻から出ると数時間で交尾して2日以内に産卵が始まります。この時期まで暗いところが好きなので、クローゼットの中の**ウール**や**カシミア**などに卵を産みつけます。産卵を終えるころになると、明るいところを好むようになって、屋外へ出ていきます。

●産卵後、明るいところを好む習性はヒメマルとヒメカツオに共通しています。屋外では、花粉や花の蜜を食べますが、白や淡黄色、淡いピンクなどの花に集まります。文献には、**白いチューリップ**にはやってきますが、赤や黒のチューリップには来ないことが載っていました。

〔20〕

シロアリ

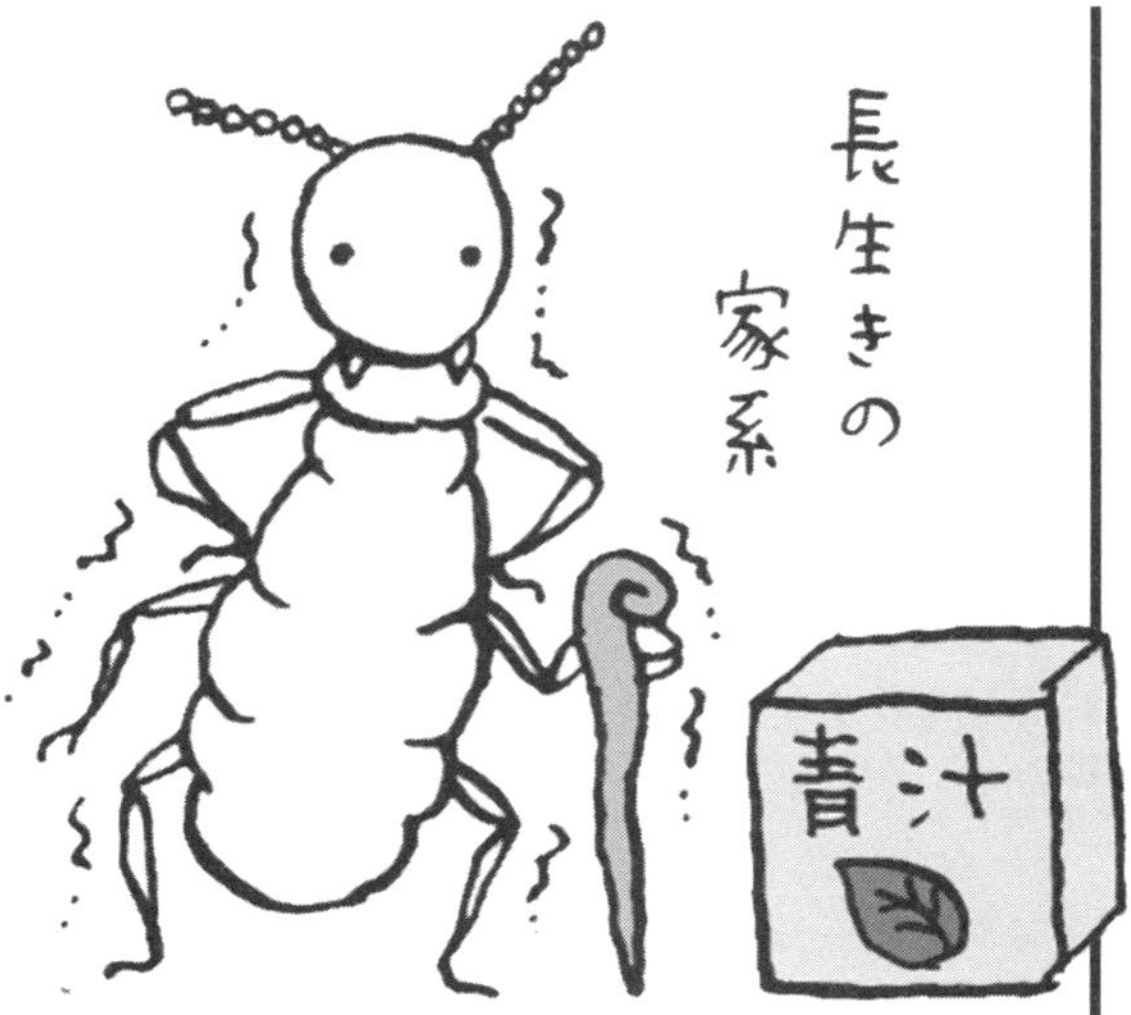

アリという名前がついている社会性昆虫ですが、実はゴキブリと近縁の昆虫です。腸内に共生する微生物のおかげで、木材に含まれるセルロースを栄養源にできるのが大きな特徴で、家屋を食害する害虫として警戒されています。

巣が大きくなると一部が羽アリになって群飛し、新しいすみかを見つけて新たなコロニーを形成します。4～7月ごろに無数の羽アリが飛び出した家屋は、シロアリの被害を受けている可能性があります。

【飼育数】ヤマトシロアリ　総数は不明(詳しくは本文で)

【代表的な種】ヤマトシロアリ *Reticulitermes speratus*　【体長】3.5～6mm

【時期】一年中　【分布】北海道の一部を除く全国

【飼育の難易度】★★(手間はかからないが繁殖のために女王を捕まえるのは困難)

水を運搬する能力がないため、山や林の朽ち木や、湿った木材などに住みつく。家屋では浴室や台所の床下など、湿気の多いところに被害が集中。比較的、食欲が旺盛ではないため被害はゆっくりと進行する。

繊細なのでストレスになることはしない

研究員が巣ごと採ってきたヤマトシロアリを、そのまま維持して飼っています。ヤマトシロアリは日本でいちばんポピュラーなシロアリです。

女王がいないので繁殖はしていないのですが、**シロアリは長生きです。**女王アリや王アリは15年以上、働きアリで5〜6年くらい生きるとされているので、そのま〝維持〟しているのです。

朽ちかけた木を巣にしているので、プラスチックの衣装ケースの中にボンとそのまま置いています。**とくにエサを与える必要はありません。すみかがそのままエサですから。**

世話というと、朽ち木が乾かないよう、ときどき水をやっている程度です。それも霧吹きで水をかけるだけ。ただし、水分が多すぎるとカビが生えてダメになるし、乾燥すると全滅してしまう。案配が難しいんです。

エサを探しに行く必要もないので、だいたい巣の中に引きこもっています。水やりのときも、あまり姿を見ることはありません。チラッと1匹、2匹ぐらいは見えているので、「いるんだろうな」という感じ。本当にいるのかどうか不安になることもあります。でも、ひっくり返したりして確かめるのはシロアリのストレスになるからできないし、ちょっと悩ましいですね。

試験で必要なときは、研究員に自分で巣を崩して採ってもらいます。

「シロアリ、いないよ」と研究員に言われることもありました。**脱走したわけでもない。死体もない。ミステリーのような話ですが、**少しずつ減っていって、探したときにほとんどいない、消えてしまったということも起こるんです。

乾燥に弱く、振動を嫌がる繊細な昆虫なので、水を切らさないようにして、できるだけストレスになりそうなことはしない、という方針で飼っています。

シロアリは白いのが元気?

ヤマトシロアリは研究所の裏山あたりにもいます。朽ちかけているけれど、芯のあたりはまだ生きているような松の切り株など、皮の部分をぺろっとめくるとワッといたりするので、そこから採集してくる場合もあります。

シロアリのコロニーにはメスの女王アリだけではなく、オスの王アリもいます。さらに副女王もいます。アリやハチの仲間と思われがちですが、実はゴキブリの仲間です。生まれた卵は、幼虫を経てほとんどは働きアリに、一部は頭部が発達して強力な顎を持つ兵アリとなります。

繁殖用に女王アリ、王アリを含めて捕まえてくればいいんじゃない？　と思う人もいるかもしれませんが、ヤマトシロアリのコロニーは2万〜3万匹とされ、朽ち木や湿った土の奥底にいるのでなかなかそこまで掘り進めることはできません。

以前、飼っていたイエシロアリは、K先輩が和歌山県の西部で巣をもらってきたもの。イエシロアリは加害のスピードが速く、被害が家屋全体に及んで家が倒れることもある危険種。暖地性なので、**関東から日本海側を除いた九州の沿岸部に生息しています。**

日本でシロアリの被害は8〜9割がヤマトシロアリによるものですが、被害が大きくなりにくいため気づいていない人も多いようです。

ヤマトシロアリが、巣がそのままエサ場という〝食住近接〟なのに対して、イエシロアリは別の場所に塊状の大きな巣を作り、そこからエサ場の木材まで〝通勤〟します。その通勤路が蟻道で、乾燥に弱くて太陽光を嫌うシロアリが土や排泄物などで作るトンネルのこと。天井裏や2階にまで延びていることもあります。

蟻道はヤマトシロアリもイエシロアリも作ります。でも、イエシロアリは水を運ぶ能力が高くて活動範囲が広く、乾いた木材も湿らせて食べていきます。しかも食欲旺盛。**ときには100万匹にも達する巨大コロニーとなるので、家屋に取りつくといつのまにか被害が広がるんです。**

シロアリの活動は気温が大きく影響しています。気温が高くなるとともに活発化するため、もっとも木材を食害するのは夏場です。飼育室の室温25度という環境では、一年中食べ続けて木材をスカスカにしていきます。高気密の住宅では、冬場も活発に活動することがあるので要注意ですね。

木の中にいるので防除しにくく、気がつけば家がボロボロということもある物騒な生活スタイルを持つシロアリですが、1匹1匹は薬剤に弱い昆虫です。しかもずっと飼っていると白っぽくなってきます。

シロアリなんだから白いほうが元気なのかなと思ってたら、そうじゃない。エサの環境が悪くて栄養失調になっているようです。

もっと知りたい! シロアリのこと

●日本には**22種類**のシロアリが生息していますが、大半のシロアリは枯れ木を分解して土に返す大切な役割を果たしています。シロアリには特定の産卵時期はなく、気温さえ保たれれば**一年中産卵**しているとされています。自然界でのシロアリは、ほかの昆虫や鳥、動物から捕食される立場なので、個体数を保つためと考えられています。

●家屋に被害を及ぼすシロアリは5種類いて、中でも主要なのが**ヤマトシロアリ**と**イエシロアリ**。両種とも巣がある程度大きくなると**ニンフ**という階級のアリが生まれ、これが羽アリとなって一斉に飛び立ちます。羽アリが大量に発生するのは、ヤマトシロアリが4～5月の正午ごろ、イエシロアリが6～7月の夕方です。

●シロアリの中にも**羽アリ**になると黒っぽいものもいます。普通のアリ(34ページ)も羽アリになることがありますが、こちらは木材を食害しません。以下は見分け方のポイントです。

	アリ	シロアリ
【触角】	L字型に折れ曲がっている	数珠状
【胴体】	くびれがある	ずん胴
【羽】	後羽が小さい	前後の羽がほぼ同じ大きさ
【羽アリの発生時期】	6～10月ごろ	上記
【そのほかの特徴】	電灯の付近を飛んでいる	家の周りに羽が散乱

〔21〕

園芸害虫家

こりゃまた失礼いたしましたっ！
お呼びでない？

庭の園芸で栽培される花や樹木に害を与える害虫です。アブラムシ、ハダニなど植物の汁を吸う吸汁性害虫と、アオムシなどのイモムシ、毛虫類のように植物の葉や茎を食べ荒らす食害性害虫に大別されます（さらにナメクジ、カメムシなど不快害虫の一部も）。いずれもガーデニングが趣味の人には、おなじみの大敵ですね。吸汁性害虫は植物の養分を吸い取って植物を弱らせたり、枯らしたりするのに加えてウイルス病も媒介します。

【飼育数】ナミハダニ、ハスモンヨトウ、ツマグロヨコバイなど7種　総数約5000匹

【代表的な種】ナミハダニ *Tetranychus urticae*　【体長】約0.45mm（オス）、約0.6mm（メス）

【時期】7～8月　【分布】北海道、本州、四国、九州

【飼育の難易度】★★（望まないときに増える）

葉の裏面に寄生して汁を吸うため、跡が斑点になって残る。大量に発生すると葉全体が白っぽくなっていき、植物の状態が悪くなると、分散のために糸を吐くので、葉などが糸で覆われる。

「飼育は種蒔きから」という害虫たち

先輩のKさんが突然、キャベツの種を蒔き始めたことがありました。何が始まったんだろうと思ったら、「アブラムシ、飼うことになったらキャベツが必要だから」とのこと。「アブラムシを飼ってほしい」というリクエストがあったわけではありませんが、もし急に言われても、すぐには飼育できないのが園芸害虫のややこしいところ。**エサになる植物も育てる必要があるためです。**キャベツとかキュウリとか、苗を買ってきて済ませたりはしません。農薬がついていたり、他の害虫が潜んでいたりするかもしれないので。

その後、実際にモモアカアブラムシ（通称モモアカ）を飼い始めました。野菜、果樹、花など100種くらいの植物につく一般的なアブラムシです。さまざまな植物の新芽に好んで寄生し、柔らかい部分に針のような口を差し込んで汁を吸います。

モモアカは、さまざまな植物の汁を吸うはずなんですが、以前、キュウリについていたものをもらってきたとき、種を蒔いても間に合わないので、**キャベツに移そうとしたら、結局、移らなくて全滅。なんていう失敗もありました。**

実は最強！　小さなナミハダニ

モモアカと植物につくダニのナミハダニが欲しいという要望があって飼い始めたのですが、同じ部屋で飼っていたら、ハダニがモモアカの育っている葉についてしまいました。どんどんモモアカが少なくなっていって、急いで部屋を分けたのですが、どうしてもハダニにモモアカが負けてしまうので困りました。

園芸害虫は、こんなふうにコンタミ（異物の混入とか試料汚染という意味＝コンタミネーション）がすごく起こりやすいんです（だから今、アブラムシはいません。近日復活予定）。

このナミハダニは研究員のNくんから引き継いだもの。彼はモモアカとナミハダニを同じ部屋で飼っていて、しかもかなりいい加減だったんです。容器の中も汚れたままだし、食草のソラマメが枯れかかっていてもほったらかし。

「枯れ枯れやで」と思いながらも手出しはしないで見ていたら、まったくコンタミしなかった。私が担当するようになって、モモアカもナミハダニもすごく増えたのですが、モモアカのケージにナミハダニが現れてしまいました。**きれいに世話しすぎてもダメなんです。**なんでやろ。

Kさんがキャベツを育ててアブラムシを飼ったときは、いつの間にかコナジラミという虫が増えて、アブラムシがいなくなってしまいました。コナジラミはアブラムシ同様、吸汁性の害虫です。同じエサを食べる害虫が競合すると、どちらか一方が優占種になり、もう一方は駆逐されてしまいます。

コンタミを防ぐ試験管を使った飼育方法があるのですが、弊社ではできるだけ簡単に大量飼育をする必要があるため、こうした簡便な方法をとっています。「飼育レベルが低い」なんて思わないでくださいね（笑）。

今、ナミハダニを飼っていますが、この飼育自体はとても簡単です。

プラスチックの容器にソラマメと水を入れて「芽出し」をします。高さ15～20センチくらい、太めの豆苗みたいになったらナミハダニのケージに入れてやる。自然にダニが新しいソラマメに移って、吸汁されて弱ってきたら、芽出しした新しいソラマメと入れ替える。その繰り返しです。勝手に増えていってくれるのでありがたいのですが、コンタミを気にしなくてはいけないのが嫌ですね。

植物の葉を食べる害虫のガも2種類飼っています。ハスモンヨトウというガの幼虫は、花壇や家庭菜園で、昼間は土の中に潜み夜中に出てきて野菜の葉などを食害する

「ヨトウムシ」の仲間。アメリカシロヒトリの幼虫は、街路樹を丸坊主にするような大食漢の毛虫です。

エサが心配? ですよね。農場や並木道で飼うわけにもいかないし。

ありがたいことに、**こうしたガの幼虫の飼育には専用の〝ソーセージ〟があるんです。**クワの葉の粉末や大豆、デンプンなどを練って緑色のソーセージ状にした幼虫育成用の飼料が販売されているので、これを使っています。体重の揃った幼虫が、安定して育ちます。

私の入社以前、このソーセージを使うまでは、K先輩がエサを作っていたそうです。飼料のエンドウ豆を買ってきて、煮て、潰して、小麦粉や抗生物質、ビール酵母などと混ぜて、型に入れて作るんです。植物を食べる幼虫用のレシピがあって、幼虫の状態を一定にするために配合の比率とか水の分量とかきちんと決まっています。

「週に1~2回、何時間もかけて作るの、もうほんまに面倒やった」と今でもぼやいているので、相当大変だったようです。でも実は、以前から〝ソーセージ〟は売られていたようで、教えてもらって電話したら簡単に解決。

飼育には情報収集が大切! とよくわかるエピソードでした。

もっと知りたい! 園芸害虫のこと

◉**アブラムシ**の仲間は、吸汁中に透明な液(甘露)を出すためにアリが集まってきます。**ウイルス病**を媒介することがあるほか、排泄物が**「すす病」**を誘発するので、葉や枝が真っ黒になる、葉が縮れるなどの被害が出ます。生息密度が過密になると、翅の生えたタイプが現れて移動するので、新しく翅の生えたアブラムシが取りついたら、その段階で駆除すると被害を抑えられます。

◉**「ヨトウムシ(夜盗虫)」**と呼ばれるガの幼虫には、**ハスモンヨトウ**のほかにも**ヨトウムシ(ヨトウガ)**、**シロイチモジヨトウ**、**アワヨトウ**などいろいろいます。孵化したての幼虫は、葉の裏に群生して食害するので葉が白く透けた状態に。大きくなると分散して夜に行動するため発見しにくく、食欲が旺盛なため一夜にして野菜が台無しになることも。群生している段階で退治することが大切です。

◉稲から吸汁する**ウンカ**や**ヨコバイ**も飼っています。種子消毒していない種籾を買ってきて、30度の恒温器に入れて芽出ししています。田植えの前に稲の苗を作りますが、アレと同じです。このまま田んぼに植えてお米をとりたいと思うくらい、青々とした苗が飼育室には一年中あります。

おわりに

最後まで読んでくださってありがとうございました。

「へぇ、あの虫ってそうなんだ」とか「そんなことやってるの」など、害虫たちの素顔や、害虫飼育の仕事に興味を持っていただけたら、とても嬉しいです。

今年も夏がやってきました。〝虫〟の季節ですね。夏休みの自由研究で昆虫採集をしたり、ダンゴムシを飼ったりしたことのある人は多いのではないでしょうか。「虫が好き」「興味がある」から平気な人がいる一方、虫嫌いだった私には「よくわからないから怖い」という人の気持ち、よくわかります。

この本を読んでくださったみなさんはおわかりだと思いますが、害虫だからといって、めちゃくちゃ繁殖力や生命力が強いというわけではありません。いろんなものが食べられる（食性が広い）とか、人間の生活環境が彼・彼女たちにとっても都合がよくて適応してしまった、などの理由で、私たちの生活圏に入ってきてしまった〝虫〟たちです。たくさんいすぎると嫌われるという側面もあります。クワガタやカブトムシだってあまりにもたくさんいて、家の中に入ってきたらやっぱりイヤですよね。

実はゴキブリも、昔は「縁起のいい昆虫」とされていた地域もあったようです。食べ物があって暖かいところが好きなので、お金持ちの家にだけ現れたため。嫌われ者になったのは、どこの家庭にも出没するようになった高度成長期以降です。

もちろん、病気を媒介するとか、アレルギーの原因になるとか、家屋や育てている植物を食い荒らすような害虫は遠ざけたり駆除したりする必要があり、そのために私たちはさまざまな害虫を飼育しています。試験に必要な数量を供給すること、しかも同じ体重に揃えることが求められるので、さまざまな工夫を重ねているのは本書の中で書いた通りです。

もともと高温多湿の日本の夏は、たくさんの〃虫〃が発生していたのですが、住居の気密性が高くなるとか、都市化による気候の変化、さらには交通や流通の発達などで、少し前まではいなかった害虫も見られるようになりました。

虫ケア用品メーカーの弊社としては、これからもっとたくさんの種類を飼うことになるでしょう。お客様の役に立っているというやりがいとともに、飼育法の確立されていない〃虫〃たちを、うまく繁殖させる面白さを感じることもできるはず。

「害虫の飼育、仕事だからやっているんですよ」と言いながらも、やっぱりきらいになれないなぁ。害虫たち。

2018年7月　有吉 立

参考文献

湯嶋健・釜野静也・玉木佳男編 『昆虫の飼育法』 日本植物防疫協会（1991）

佐藤仁彦編 『生活害虫の事典』 朝倉書店（2003）

松崎沙和子・武衛和雄 『都市害虫百科』 朝倉書店（1993）

安富和男・梅谷献二 『原色図鑑／改訂新版 衛生害虫と衣食住の害虫』 全国農村教育協会（1995）

奥山風太郎・みのじ 『ダンゴムシの本　まるまる一冊だんごむしガイド～探し方、飼い方、生態まで』 DU BOOKS（2013）

アース製薬株式会社 『害虫と虫ケア用品の基礎知識2018』

【イラストレーション】 伊藤ハムスター

【ブックデザイン】 杉山健太郎

【構成】 五反田正宏

【協力】 アース製薬株式会社

根岸務　永松孝之　山内章　川口美香子

北野雄士　中村百合　藤島直樹　野崎耕作

浅井一秀　内藤龍太　野村拓志　萩原北斗

藤田なつ美　亀井勝成　安本一典

有吉 立《ありよし・りつ》

アース製薬株式会社 研究開発本部
研究部 研究業務推進室 生物研究課 課長
兵庫県出身。都内の美術学校を卒業後、
家具店店員、陶芸教室講師などを経て、
地元赤穂のアース製薬に入社、
害虫の飼育員となる。

きらいになれない
害虫図鑑

2018年7月25日　第1刷発行
2023年9月15日　第4刷発行

著　　　者　有吉 立
発　行　者　見城 徹
発　行　所　株式会社 幻冬舎
〒151-0051 東京都渋谷区千駄ヶ谷4-9-7
電話 03(5411)6211(編集)
03(5411)6222(営業)
公式HP：https://www.gentosha.co.jp/
印刷・製本所　株式会社 光邦

ISBN978-4-344-03326-9　C0095
この本に関するご意見・ご感想は、
下記アンケートフォームからお寄せください。
https://www.gentosha.co.jp/e/